平顶山市地下水研究

王晓飞 于 芳 朱 华 蔡长明 吕小冬 著

黄河水利出版社
·郑州·

内 容 提 要

　　本书以系统工程理论整体观点,从地质学、地层学、水文地质学的角度对平顶山市地下水系统进行了研究及亚系统的划分;详细论述了全市地下水的含水层系统、地下水流系统、动态类型及水化学特征;重新计算了全市地下水资源量和可开采量;客观评价了全市地下水质量;深入分析了全市地下水开发利用现状、存在问题及潜力;科学制订了地下水保护方案;提出了合理可行的工作建议。

　　本书资料丰富、内容翔实、实用性强,可供从事地下水资源管理与保护工作的技术和管理人员参考使用。

图书在版编目(CIP)数据

　　平顶山市地下水研究/王晓飞等著. —郑州:黄河水利出版社,2023.6

　　ISBN 978-7-5509-3589-1

　　Ⅰ.①平… Ⅱ.①王… Ⅲ.①地下水资源-水资源管理-研究-平顶山 Ⅳ.①P641.8

　　中国国家版本馆 CIP 数据核字(2023)第100352号

责任编辑　王燕燕		责任校对　杨秀英	
封面设计　黄瑞宁		责任监制　常红昕	

出版发行　黄河水利出版社
　　　　　地址:河南省郑州市顺河路49号　　邮政编码:450003
　　　　　网址:www.yrcp.cop　　E-mail:hhslcbs@126.com
　　　　　发行部电话:0371-66020550
承印单位　广东虎彩云印刷有限公司
开　　本　787 mm×1 092 mm　1/32
印　　张　4.75　插页　4
字　　数　140千字
版次印次　2023年6月第1版　　2023年6月第1次印刷

定　　价　58.00元

前 言

　　平顶山市是中原经济区重要的资源型工业城市、中国优秀旅游城市、豫中地区中心城市。

　　水是生命之源、生产之要、生态之基，是人类赖以生存的最基本的资源。平顶山市的水资源主要由地表水和地下水两部分构成，其中，地表水资源虽然比较丰富，但时空分布不均，不能完全满足全市供水需求；地下水作为水资源的重要组成部分，是地表水资源供给的有益补充，是构成并影响生态环境的重要因素，在保障全市饮水安全、粮食安全和生态安全等方面发挥着十分重要的作用。

　　2018年，平顶山市水利局组织开展了平顶山市中深层地下水开发利用与保护规划编制工作，进行了深入调查和研究，取得了丰硕成果，在该成果基础上进行技术拓展和提升，撰写了本书，为全市经济社会发展和地下水科学研究提供基础资料，为专门性水文地质、水资源评价工作提供技术依据，为地下水资源的开发利用、保护与管理工作提供技术支持。

　　全书概略论述了平顶山市的自然地理、地形地貌、气象特征、河流水系、重要水利工程和社会经济等基本情况；从区域地质概况、地层岩性、地质构造和岩浆岩等4个方面详细分析了全市的地质条件；系统论述了地下水的类型及含水层系统、富水性特征、补径排条件、动态类型及水化学特征；对地下水资源量和可开采量进行了分类汇总计算；详细分析了地下水化学特征；客观评价了地下水质量；深入分析了地下水开发利用现状、存在问题及潜力；科学制订了地下水保护方案；提出了合理可行的工作建议。

　　本书共8章，撰写分工如下：第1章概述，由王晓飞撰写；第2章地质概况，由王晓飞、于芳共同撰写；第3章水文地质条件，由王晓飞、于芳、朱华、吕小冬共同撰写；第4章地下水资源量评价，由王晓飞、于芳、朱华、蔡长明共同撰写;第5章地下水水化学特征及水质评价,由王晓飞、蔡长明共同撰写;第6章地下水开发利用现状及潜力评价,由王晓飞、吕小冬共同撰写;第7章地下水资源保护,由于芳、朱华共同撰写;第8章主要成果与工作建议,由王晓飞撰写。王晓飞、于芳、朱华等对本书部分章节进行了修改完善,由王晓飞统稿。

参与本书撰写所依托项目调查评价工作的还有宋高举、黄继超、宋会香、肖卓斌、王萍、王帅、吴威男、阮征、崔国灿、孟飞、李三朋、乐扬、杨昱珍、刘承勇、张公、王万宾、宋雪、牛娜、李沛莹、陈雪然、毛学红等。在此,对他们的辛勤工作表示衷心的感谢!

本书的完成得益于平顶山市水利局、河南省地质局生态环境地质服务中心、平顶山市水文水资源测报分中心的有关领导的关心和大力支持。河南省地矿局原副总工程师赵云章,河南省水文水资源测报中心正高级工程师杨明华、李洋,河南省地质局生态环境地质服务中心正高级工程师侯怀仁、齐玉峰等专家均给予了具体指导。在此,对上述单位领导和专家表示诚挚的谢意!

由于时间仓促,加之作者水平有限,书中错误之处在所难免,诚请读者提出宝贵意见,以推动平顶山市地下水综合研究工作不断取得新发展。

作 者

2023 年 2 月

目　录

第 1 章　概　述

1.1　自然地理

平顶山市位于河南省中部,因市区建在"山顶平坦如削"的平顶山下而得名,东与许昌市的襄城县、漯河市的舞阳县、驻马店市的西平县和遂平县交界,西与洛阳市的汝阳县、嵩县毗邻,南与驻马店市的泌阳县、南阳市的方城县和南召县缘连,北与洛阳市的伊川县、郑州市的登封市、许昌市的襄城县和禹州市接壤。全境东西长约150 km,南北宽约140 km,地理坐标为东经112°14′~113°45′,北纬33°08′~34°20′,总面积 7 882 km²。全市辖叶县、郏县、宝丰县和鲁山县等 4 县以及新华区、卫东区、湛河区和石龙区等 4 区,代管舞钢市、汝州市 2 个县级市。全市共有 33 个乡 51 个镇 60 个街道。平顶山市地处京广和焦枝两大铁路干线之间,境内铁路总长 700 km,东到周口,南接南阳,西通洛阳,北至郑州、焦作等地。距新郑国际机场 100 km;距省会郑州市铁路里程 218 km,公路里程 135 km。兰南、宁洛、二广、郑栾、焦桐、林汝、周南 7 条高速公路穿境而过,与全国高速公路网紧密相连,交通十分便利。

1.2　气象特征

平顶山市为大陆性季风气候,处于北亚热带向暖温带的过渡地带,冷暖空气交汇频繁,春旱多风、夏热多雨、秋温气爽、冬寒少雪,四季分明,具有明显的过渡性特征。根据多年气象观测资料,平顶山市年平均气温 14.2~15.2 ℃,极端最高气温 40.5~44.6 ℃,极端最低气温-19.5~-14.0 ℃。降水量年际变化大,在 712~1 329 mm 范围内波动,多年平均降水量 806.52 mm;年内分配不均,6～8 月降水量最大,为 332～506 mm,占全年降水量的 51.3%～53.5%,12 月至翌年 2 月降水量最小,为 33～69 mm,占全年降水量的 4.8%～7.0%;空间分配不均,总体呈现山地丘陵地带多、平原河谷地带少的特点,年均降水量山地丘陵地带较平原河谷地带多 100～200 mm。年总日照时数 1 800～2 200 h。年平均蒸发量 1 488.6 mm。全年无霜期 214～231 d,可满足农作物一年两熟。风向以偏南风、西北风、东北风最多,春夏盛行偏南风,秋冬盛行偏北风,常有来自西伯利亚的冷空气入侵。

1.3　河流水系

平顶山市境内河流众多,均属淮河水系,以雨水补给为主,河川径流年际变化大,年内径流也极不均匀,一般与大气降水趋势一致。流域面积在 100 km^2 以上的河流共有 25 条,分属于沙颍河和洪汝河两个水系。

1.3.1　沙颍河水系

沙颍河水系在平顶山市的流域面积为 7 305 km^2,占全市辖区面积的 92.68%,主要河流自北向南依次为北汝河、石河、湛河、沙河、灰河、澧河、甘江河等。

北汝河发源于嵩县东部的跑马岭,经汝阳县入境,流经汝州市、宝丰县、郏县、襄城县、叶县,于舞阳县的马湾汇入沙河。该河干流全长约 250 km,流域面积约 6 080 km^2,境内流长 138.2 km,流域面积约 2 915 km^2;最大洪峰流量为 5 920 m^3/s。

石河发源于汝州市境内,有二源:南源在五垛山东麓,又名空干河;北源在汝州市境分水岭下,为石板河。二源曲折东流入宝丰县境,至观音堂乡高店村相汇。后经前营乡、商酒务乡、赵庄乡、石桥乡,至闹店乡双口村与净肠河交汇,折而东北,流至石桥乡吕寨村东汇入北汝河。该河境内流长 63.5 km,河床平均宽 20 m,流域面积约 417 km^2,为常年河;最大流量 858 m^3/s。

湛河发源于平顶山市郊薛庄马跑泉,自西向东横贯市区,至余王店汇入沙河,全长43.3 km。姚孟以西,河宽25 m,流量0.8 m³/s,最大排水量8.8 m³/s;姚孟以东20 km经人工开挖,河道平直,河底宽40 m,最大排水量460 m³/s。由于工业废水和生活污水的排放,下游现已成为一条排污河。

沙河发源于鲁山县尧山木达岭,河源南、西、北三面为山地环抱,是河南省的暴雨中心之一。沙河流经鲁山县的上、中、下三汤之后注入昭平台水库,而后经鲁山县城南孙街汇入白龟山水库,又流经湛河区的梁李、叶县的汝坟店进入漯河市境。由舞阳县的马湾与北汝河交汇,后在周口市与颍河汇流。该河干流全长约322 km,境内干流长168.8 km,流域面积约3 974.20 km²;多年平均径流量为9.5亿m³。

灰河发源于叶县常村乡老青山和鲁山县樱桃山,流经常村、任店、城关、昆阳、田庄、马庄、仙台、廉村、水寨等9乡(镇),于舞阳县汇入汝河。该河境内流长51 km,流域面积约322 km²;年均径流量0.11亿m³,泄洪能力572 m³/s。

澧河发源于方城县四里店,经拐河流入叶县境内的孤石滩水库,经常村、夏李、叶邑、龙泉于王楼北进入漯河市境,在漯河市区汇入沙河。该河干流全长163 km,流域面积约2 503 km²,境内干流长60 km,流域面积约253.3 km²;年均径流总量1.03亿m³/a,最大径流量4 650 m³/s,最小径流量0.23 m³/s,年均径流量2.5 m³/s,泄洪能力1 900 m³/s。

甘江河发源于方城县羊头山,由叶县保安镇河套寨村入境,流经保安、辛店、龙泉3个乡镇,在舞阳县澧河店汇入澧河。该河干流全长98.7 km,流域面积约1 280 km²,境内干流长33.5 km,河床宽150~300 m,河槽下切6~8 m,流域面积约168.3 km²;年均径流总量3.3亿m³,泄洪能力3 300 m³/s。

1.3.2 洪汝河水系

洪汝河水系在舞钢市境内控制流域面积约577 km²,占舞钢市辖区面积的89.36%,占平顶山市辖区面积的7.32%,主要河流为小洪河支流滚河和港河。

滚河发源于舞钢市杨庄乡南山的灯台架,向北到大栗树折向西北,流至水田折向东,入石漫滩水库,至苏山向北进入平原区,至田岗曲折流向东北,在枣林乡小寺山入西平县境。境内干流长 36.5 km,河宽约 100 m,流域面积约 329 km²;多年平均流量 3.13 m³/s,安全行洪流量约 1 000 m³/s。

港河是小洪河左岸较大的支流,发源于舞钢市庙街乡西南部的四头垴山,向东北流经庙街水库,向北经八台,至彦张村西北入舞阳县境,再向北至朱耀环村转向东流,称三里河。至枣林乡三里店成为舞钢市与舞阳县的界河。向东流至张营村入西平县,称小洪河,向东南流至杨庄乡合水村,与滚河相会。主河道长 51 km,宽 30～50 m,流域面积约 327.7 km²;多年平均流量 2.7 m³/s,年径流总量 8 502 万 m³。

1.4　重要水利工程

1.4.1　水库

平顶山市共建有各类水库 169 座,其中大型水库 5 座,分别为昭平台水库、白龟山水库、石漫滩水库、孤石滩水库和燕山水库。

昭平台水库位于淮河流域沙颍河水系沙河干流上游,控制流域面积约 1 430 km²,总库容 7.13 亿 m³。水库于 2000 年维修以后,防洪标准为 100 年一遇洪水设计,5 000 年一遇洪水校核。拦河大坝主坝长 2 315 m,副坝长 923 m,最大坝高 35.5 m。尧沟溢洪道设 5 孔 10 m×10 m 闸门,最大泄洪量 4 680 m³/s。杨家岭非常溢洪道设 16 孔 10 m×9 m 闸门,最大泄洪量 9 152 m³/s。

白龟山水库位于淮河流域沙颍河水系沙河干流中上游,控制流域面积约 2 730 km²,拦河坝坝顶高程 109 m,坝长 1 457 m,最大坝高 23.6 m。水库于 2006 年维修以后,防洪标准为 100 年一遇洪水设计,2 000 年一遇洪水校核,总库容 9.22 亿 m³。历年最高洪水位 106.21 m,相应库容 5.73 亿 m³(1975 年 8 月),历年最大泄洪量 3 660 m³/s

（1975 年 8 月 8 日）。

石漫滩水库位于淮河流域洪河水系滚河干流上游，控制流域面积约 230 km²，总库容 1.2 亿 m³。水库防洪标准为 100 年一遇洪水设计，1 000 年一遇洪水校核。大坝为全断面碾压混凝土重力坝，坝顶高程 112.50 m，坝长 645 m，最大坝高 40.5 m，坝顶宽 7 m。泄洪建筑物采用坝顶表孔溢流方式，设 13 孔弧形钢闸门，最大泄洪量为 3 927 m³/s。大坝内部设有一条纵向观测灌浆排水廊道，宽 2.5 m，高 3 m，全长 512 m。

孤石滩水库位于淮河流域沙颍河水系澧河干流上游，叶县与方城县交界处，控制流域面积约 285 km²，总库容 1.57 亿 m³，兴利库容 0.704 亿 m³。设计大坝为黏土心墙砂卵石坝，最大坝高 30.3 m，坝顶高程 160.3 m，防浪墙高 1.2 m，坝长 494 m。主溢洪道与右坝头相连，傍山开槽，建泄洪闸 3 孔，宽 10 m，高 6 m，最大泄洪量 2 188 m³/s。副溢洪道位于坝左侧山坳中，底宽 15 m，最大泄洪量 748 m³/s。

燕山水库位于淮河流域沙颍河水系澧河支流甘江河上游，叶县与方城县交界处，控制流域面积约 1 169 km²，总库容 9.25 亿 m³。枢纽工程主要建筑物由斜墙土石坝、溢洪道、泄洪（导流）洞和输水洞及电站组成。大坝坝顶高程 117.8 m，坝长 4 070 m，最大坝高 34.7 m。

1.4.2　南水北调中线工程

南水北调中线工程从方城县进入叶县的保安镇，途经叶县、鲁山县、宝丰县、郏县 4 县 18 个乡（镇），于郏县东北部的安良镇跨越兰河进入许昌市禹州市。总干渠在平顶山市境内长 115.53 km（占河南段的 15.8%），其中叶县 30.90 km、鲁山县 42.37 km、宝丰县 20.44 km、郏县 21.82 km。总干渠在市境内穿越大小河流沟道 113 条，共设渡槽、涵洞、倒虹吸、桥梁等 200 余处，建设有 4 处大型交叉工程，分别是澧河渡槽工程、沙河渡槽工程、北汝河倒虹吸工程和宝丰火车站暗渠工程。

平顶山市境内的南水北调总干渠为梯形断面，设计渠底宽 25 m，设计水深 7 m，边坡 1:2.5~1:3，上口宽随地形高低不同而变化，一般为 65 m,内坡采用现浇混凝土护坡,外坡采用草皮护坡,局部浆砌石护坡,堤顶宽 5 m,堤脚外设 8 m 防护林带和 5 m 排水沟,占地宽约130 m。

1.5 地形地貌

平顶山市地处华北地台南部边缘区,处于豫西山地向淮河平原的过渡地带,西依蜿蜒起伏的伏牛山脉,东接宽阔平坦的黄淮平原,南临南北要冲的宛襄盆地,北连迤逦磅礴的嵩箕山系。西部以山地为主,最高山峰为位于鲁山县西部边界的尧山,海拔 2 153.10 m;东部以平原为主。在低山与平原之间,分布着高低起伏的丘陵。从北往南看,大体有三列山地夹两组河谷平原。北部是箕山,中部是外方山的东段及平顶山市区以北的落凫山等低山,南部则是伏牛山东段及其余脉。北部夹北汝河冲积平原,南部夹沙河、澧河等冲积平原。根据地貌形态特征、成因类型及现代物理地质作用等,将区域划分为山地、岗地和平原等三大地貌类型。具体分为侵蚀剥蚀中山、侵蚀剥蚀低山、侵蚀剥蚀岗地、冲洪积倾斜平原、冲积平缓平原和谷地、冲湖积低平缓平原等六种地貌类型。

1.5.1 山地(Ⅰ)

1.5.1.1 侵蚀剥蚀中山(Ⅰ$_1$)

该地貌类型主要分布在鲁山县西南部紧邻市界一带,面积约208 km^2,占平顶山总面积的 2.64%。最高峰尧山海拔为 2 153.10 m,组成岩性主要为花岗岩。

1.5.1.2 侵蚀剥蚀低山(Ⅰ$_2$)

该地貌类型主要分布在汝州市北部、宝丰县西北部,石龙区中部,鲁山县西部,舞钢市南部紧邻市界一带,面积约 1 414 km^2,占平顶山总面积的 17.94%。山地坡度较陡,一般为 30°~70°,冲沟发育、水土流失较严重。组成岩性为花岗岩、变质岩、喷出岩、灰岩、石英砂岩等。

1.5.2 侵蚀剥蚀岗地(Ⅱ)

该地貌类型主要分布在宝丰县中西部,石龙区,鲁山县北部和东南部,叶县东南部,舞钢市西北部和东南部,在市区和郏县零星分布,面积约 1 643 km²,占全市总面积的 20.85%。山坡坡度较小,一般小于 30°;冲沟发育,切割深度一般为 10～20 m,局部达 30 m。组成岩性为变质岩、灰岩、少数喷出岩,以及砾石、粉质黏土、亚砂土等。

1.5.3 平原(Ⅲ)

1.5.3.1 冲洪积倾斜平原(Ⅲ₁)

该地貌类型主要分布在汝州市中部、郏县西北部、宝丰县中部、鲁山县东南部、叶县南部、舞钢市中部的山前地带,面积约 1 545 km²,占全市总面积的 19.60%。以向南、向东倾斜为主,地势略有起伏,地面高程 100～200 m。组成岩性主要为棕红色、杂色黏土及泥砾,局部有冲洪积黏土和黄土覆盖。

1.5.3.2 冲积平缓平原和谷地(Ⅲ₂)

该地貌类型主要由北部的汝河冲积平原和南部的沙河、澧河冲积平原组成,分布在汝州市中部、郏县南部,宝丰县东部、鲁山县东部、市区、叶县中东部、舞钢市东北部,面积约 2 837 km²,占全市总面积的 35.99%。地势较为平坦,微向东南倾斜,地面高程 50～120 m。组成岩性主要为棕黄色黄土状粉土、粉质黏土和砂、砂砾石等。

1.5.3.3 冲湖积低平缓平原(Ⅲ₃)

该地貌类型零星分布于宝丰县中部和叶县东北部,面积约 235 km²,占全市总面积的 2.98%。地势略有起伏,地面高程 20～70 m。组成岩性主要为黄褐色粉土、粉质黏土和砂、砂砾石等。

1.6 社会经济

2021 年,平顶山市完成地区生产总值 2 694.17 亿元,较 2020 年增长 7.1%。其中,第一产业增加值 216.87 亿元,较 2020 年增长

7.1%;第二产业增加值 1 208.53 亿元,较 2020 年增长 4.8%;第三产业增加值 1 268.77 亿元,较 2020 年增长 9.1%;三产结构比为8.0∶44.9∶47.1;全年人均地区生产总值 54 122 元,较上年增长 7.7%。

平顶山市年末常住人口 496.8 万。其中,城镇常住人口 270.5 万,乡村常住人口 226.3 万;常住人口城镇化率为 54.45%,较 2020 年末提高1.03%。全年出生人口 4 万,人口出生率为 8.09‰;死亡人口 3.7 万,人口死亡率为 7.46‰;自然增加人口 0.3 万,自然增长率为 0.63‰。

全年城镇新增就业人员 10.79 万人,失业人员实现再就业 4.71 万人,就业困难人员实现就业 1.10 万人,年末城镇登记失业率1.90%。新增农村劳动力转移就业 2.04 万人,新增返乡下乡创业1.47万人,带动就业 13.1 万人。年末农村劳动力转移就业总量 136.55 万人。

全年居民消费价格较 2020 年上涨 1.4%。其中,食品烟酒类较2020 年下降 0.9%,居住类较 2020 年上涨 0.9%,教育文化和娱乐类较2020 年上涨 6.9%。全年财政总收入 330.29 亿元,较上年增长 8.6%。

全年一般公共预算收入 203.21 亿元,较 2020 年增长 14.2%,其中税收收入 144.82 亿元,较 2020 年增长 17.6%,占一般公共预算收入的 71.3%。一般公共预算支出 389.37 亿元,较 2020 年下降4.6%,其中民生支出 283.70 亿元,较 2020 年下降 6.3 %,占一般公共预算支出的 72.9%。

第 2 章　　地质概况

2.1　　地层岩性

在河南省地层区划中,平顶山市属于华北地层区豫西—豫东南地层分区。平顶山市分布的主要地层由老至新依次为:太古界登封群和太华群,下元古界嵩山群,中元古界熊耳群、汝阳群和洛峪群,上元古界震旦系,下古生界寒武系,上古生界石炭系、二叠系、二叠系—三叠系下统石千峰群,中生界白垩系,新生界古近系、新近系和第四系,见附图 1 和表 2-1。

表 2-1　平顶山市典型区域地层简表

界	系	统	厚度/m 两级值 平均值	地层特征
新生界 Km	第四系	全新统 Q_h	80.11	砂质黏土、砂层、粉砂及黏土。与下伏地层呈整合接触
		上更新统 Q_{P_3}	24.00	灰黄色砂质黏土,疏松,具层理性。与下伏地层呈角度不整合接触
		中更新统 Q_{P_2}	18.00	红棕色、红色砂质黏土,下部为砂层、砾石层。与下伏地层呈角度不整合接触
	新近系 N	上新统 N	280.00	砂质泥岩、泥岩与泥质砂岩、砂岩互层,底部含砾,顶部夹泥灰岩。与下伏地层呈平行不整合接触
	古近系 E	渐新统 E_3	430.00	棕褐色、褐红色、浅黄色半胶结砾状、砂砾层、含砾粗砂岩,局部夹灰褐色泥岩、泥灰岩。与下伏地层呈整合接触
		始新统 E_2	3 048.00	颜色以棕红色、褐红色、紫红色为主,灰色、灰白色次之,岩性以砂质泥岩为主,次为泥岩、砂岩夹砾岩、泥灰岩、油页岩。与下伏地层呈不整合接触

续表 2-1

地层单位			厚度/m	地层特征
界	系	统	两级值 / 平均值	
中生界 Mm	白垩系 K	下统 K_1	>1 108.70	下部为紫红色、褐红色、灰绿色泥质粉砂岩、泥岩，夹细砾岩及泥灰岩；中部为深灰色、紫红色、灰绿色安山玢岩、玄武安山岩，夹火山角砾岩；上部为安山质火山角砾岩。与下伏地层呈不整合接触
古生界 Pm	三叠系 T	下统 T_1	818.800	紫红色、暗紫色，岩性以砂质泥岩、泥岩、粉砂岩为主，夹细中粒石英砂岩，底部为细-粗粒石英砂岩。与下伏地层呈整合接触
	二叠系 P	上统 P_2	487.03-808.55 / 836.57	紫红色、褐红色-绿灰色、灰色，岩性以砂质泥岩、泥岩为主，夹少量细、粉砂岩，上部夹中粗粒砂岩，下部夹 20~30 层薄煤。与下伏地层呈整合接触
		下统 P_1	235.47-561.80 / 391.13	以灰绿色至灰色砂质泥岩、泥岩为主，次为细中粒砂岩及少量粉砂岩和粗粒砂岩。为区内主要含煤段，含煤 40~50 层，其中下部二₁煤层为区内主采煤层。与下伏地层呈整合接触
	石炭系 C	上统 C_2	32.50-140.00 / 66.45	以灰色、深灰色石灰岩为主，中部夹细-中粒砂岩、砂质泥岩和泥岩，底部夹 1 层灰色-绿色铝土质泥岩或铝土岩。本段含煤 9 层。与下伏地层呈平行不整合接触
	寒武系 ∈	上统 $\in_3$	151.00	灰色-深灰色，厚-巨厚层状白云岩，鲕状白云岩。与下伏地层呈整合接触
		中统 $\in_2$	443.00	上部以深灰色厚-巨厚层状鲕状灰岩、白云质灰岩、鲕状白云质为主；中部以泥质条带灰岩、白云质灰岩为主；下部为紫红砂质泥岩、泥质灰岩、细砂岩为主。与下伏地层呈整合接触
		下统 $\in_1$	481.100	上部为紫红色、灰黄色、黄绿色砂质泥岩；中部为厚层燧石团块白云岩、豹皮状灰岩；下部为灰白色、黄褐色、紫红色与黄绿色石英砂岩、砂砾岩、砂质灰岩、钙质石英细砂岩。与下伏地层呈平行不整合接触

续表 2-1

地层单位			厚度/m $\dfrac{两级值}{平均值}$	地层特征
界	系	统		
元古界 Pt	震旦系 Z		544.18	中上部为杂色、灰色、灰绿、紫红色砂质泥岩、泥岩及冰碛砂质砾岩,中部为以浅灰白色为主的砂岩、砾岩、硅质条带白云岩。与下伏地层呈平行不整合接触
	洛峪群 Pt$_3$		>581.20	上部为灰白色、灰紫色、紫红色白云岩夹杂色泥岩,中部浅肉红色、灰白色厚层状中粗粒石英砂岩;西部为杂色砂质泥岩夹中粒海绿石砂岩。与下伏地层呈整合接触
	汝阳群 Pt$_2$		147.30	以灰白色、紫红色中粒、不等粒石英砂岩为主,夹砂质泥岩、泥岩。与下伏地层呈角度不整合接触
元古界 Pt	熊耳群 Pt$_1$		1 382.50	岩性主要为灰紫色、紫灰色、灰绿色、紫红色安山玢岩、流纹岩、英安岩、流纹斑岩、辉石安山玢岩、安山玄武岩、玄武玢岩、火山碎屑岩、硅化流纹质熔角砾岩,上部夹正常沉积岩,底部为粗粒砂岩、砂质泥岩石灰岩、砾岩。与下伏地层呈角度不整合接触
太古界 Ar	太华群 Ar$_{th}$		2 327.00	岩性主要为透辉斜长角闪片麻岩,透辉变粒岩,黑云斜长带状混合岩,黑云斜长片麻岩夹蛇纹岩、大理岩,斜长角闪条带混合岩,石榴黑云斜长片麻岩,石榴大理岩,斜长角闪片麻岩,方柱透辉大理岩,石墨透辉大理岩,石墨钙质片岩及钙质石英岩等

2.1.1　太古界(Ar)

2.1.1.1　登封群

　　该地层主要分布在汝州市陵头、大峪、骑岭、夏店和庙下北部。

包括何家沟组、石牌河组和郭家窑组。厚 1 088～2 700 m。岩性由下至上依次为:灰黄色中细粒黑云斜长片麻岩、角闪石岩、二云片岩,灰绿色中粒斜长角闪岩、斜长角闪片麻岩,石榴云母石英片岩、石榴角闪片岩。局部混合岩化强烈,形成混合片麻岩、均质混合岩。

2.1.1.2　太华群

该地层主要分布在平顶山市区,鲁山县张店乡东北部、仓头乡、瓦屋乡、背孜乡,叶县辛店,舞钢市八台一带。包括耐庄组、荡泽河组、水底沟组、雪花沟组、赵案庄组和铁山庙组。厚 2 327～2 959 m。岩性由下至上依次为:黑云条带状混合岩夹角闪斜长条带状混合岩,斜长角闪条带状混合岩夹斜长角闪长片麻岩,混合片麻岩及微斜片麻岩、石墨黑云斜长片麻岩,黑云斜长片麻岩、混合花岗岩,含石榴石、大理岩。

2.1.2　下元古界嵩山群(Pt_1s)

该地层主要分布在汝州市蟒川南部山区及大峪北部,自下而上为罗汉洞组和五指岭组。

(1)罗汉洞组(Pt_1l):主要岩性为石英片岩、紫红色千枚岩、灰绿色绿泥片岩、薄层石英岩等。厚约 210 m。

(2)五指岭组(Pt_1w):上部为灰白色厚层状粗粒石英岩;下部为灰白色厚-巨厚层状粗粒及中粗粒石英岩;底部有数层层间砾岩及不稳定的底砾岩。厚约 593 m。

2.1.3　中元古界(Pt_2)

2.1.3.1　熊耳群

该地层主要分布在汝州市寄料镇西南的蔡沟—卢沟一带,鲁山县赵村乡和瓦屋乡北部、背孜乡东部、马楼乡和张良镇南部,叶县西南部,自下而上分为许山组、大古石组、鸡蛋坪组和马家河组。

(1)许山组(Pt_2x):主要岩性为安山岩、辉石安山岩、安山玄武岩,夹少量英安岩、火山碎屑岩等。厚 3 656 m。

(2)大古石组(Pt_2d):下部为黄色、黄绿色及紫红色含砾长石石英砂岩;上部为紫红色砂岩、页岩;底部以砾岩为标志,不整合于下伏太古界或古元古界不同层位之上。厚约 40 m。

(3)鸡蛋坪组(Pt_2j):主要岩性为紫红色、灰黑色流纹岩、英安岩、石英斑岩,夹火山碎屑岩。厚 960~1 080 m。

(4)马家河组(Pt_2m):主要岩性为安山岩、辉石安山岩夹流纹岩、英安岩、火山碎屑岩、碎屑岩、叠层石灰岩等。厚约 2 322 m。

2.1.3.2　汝阳群

该地层主要分布在汝州市寄料镇和蟒川镇南部、宝丰县西南部、鲁山县北部、市区西南部、叶县西南部、舞钢市北部。自下而上分为云梦山组、白草坪组和北大尖组,各组之间呈整合接触。

(1)云梦山组(Pt_2ym):岩性为红色砾岩、砂砾岩、石英岩状砂岩、中粗粒石英砂岩等。厚 90~152 m。

(2)白草坪组(Pt_2bc):岩性为紫红色、砖红色泥岩与薄层状细粒石英砂岩互层。厚 80~160 m。

(3)北大尖组(Pt_2bd):岩性为灰白色厚层石英岩状砂岩、石英砂岩夹海绿石石英粉砂岩、长石砂岩、页岩等,顶部夹硫铁矿层。厚 70~170 m。本组是含钾岩石、石英砂岩、硫铁矿的重要含矿层位。

2.1.3.3　洛峪群

该地层主要分布在汝州市寄料镇西部和南部,宝丰县西部,鲁山县瓦屋乡北部、磙子营南部,叶县西南部。舞钢市有零星分布。自下而上分为崔庄组、三教堂组和洛峪口组。

(1)崔庄组(Pt_2cz):岩性为含铁石英砂岩、石英砂岩夹粉砂岩、页岩、含海绿石粉砂岩等。与下伏汝阳群北大尖组呈整合接触。厚 110~230 m。

(2)三教堂组(Pt_2sj):岩性为灰白色、淡红色层状中细粒石英砂岩。厚 50~172 m。

(3)洛峪口组(Pt_2ly):岩性为大红色厚层白云质灰岩,常含泥质条带或燧石团块;下部为灰绿色砂质页岩。厚 90~160 m。

2.1.4　上元古界震旦系(Z)

该地层主要分布在汝州市蟒川镇南部,宝丰县西部和南部,鲁山县瓦屋乡岳村北部、梁洼镇西部和下汤镇北部,平顶山矿区西南部,郏县北部,叶县常村,舞钢市柏庄寨、上曹和尹集一带。自下而上分为罗圈组、东坡组、黄连垛组和董家组。与下伏洛峪群崔庄组呈平行不整合接触。

(1)罗圈组(Zl):岩性为砖红色-灰绿色含砾砂泥岩、紫红色块状钙质泥砾岩等。属冰川成因。厚91~202 m。

(2)东坡组(Zd):岩性为红褐色粉砂质页岩、灰绿色页岩,上部夹海绿石粉砂岩。属浅海沉积。厚约94 m。该组是伊利石矿的含矿层位。

(3)黄连垛组(Zh):岩性为硅质条带白云岩、白云岩,夹砂砾岩及石英砂岩等,底为砾岩,顶为燧石岩。厚133~445 m。

(4)董家组(Zdj):以灰白色厚层-中厚层砂砾岩与下伏黄连垛组呈假整合接触。上部以黄色、淡红色厚层状泥质白云质灰岩与上覆罗圈组呈假整合接触。岩性主要由砂砾岩、碎屑岩、泥质碳酸盐岩组成。厚100~260 m。

2.1.5　古生界寒武系($\in$)

该地层广泛出露于汝州市北部和西南部,宝丰县南部,鲁山县梁洼镇段店、瓦屋乡岳村北部、下汤镇北部,郏县北部,石龙区,叶县保安东部一带。舞钢市柏庄寨、尹集有零星出露。平行不整合于震旦系东坡组之上。自下而上分为下统辛集组、朱砂硐组、馒头组,中统毛庄组、徐庄组和张夏组,上统崮山组和长山组,各组之间呈整合接触。

(1)辛集组($\in_1 x$):下部为含磷砂砾岩夹含海绿石砂岩,中部为生物碎屑灰岩夹含海绿石砂岩,上部为含鲕粒粉晶灰岩。厚15~86 m。该组是重要含磷层位。

(2)朱砂硐组($\in_1 z$):主要为灰色厚层状白云质灰岩、含燧石白云质灰岩、豹皮状灰岩等。厚42~101 m。区域上该组是重要的含石膏层位。

(3)馒头组($\in_1 m$):下部为细砂屑石灰岩、含粉晶白云岩、白云质灰岩;中部为泥晶-细粉晶灰岩、白云岩,上部为泥质粉砂岩夹页岩等。厚84~180 m。

(4)毛庄组($\in_2$mz):主要为暗紫红色泥质粉砂岩、粉砂岩夹紫红色泥岩、藻屑灰岩、鲕粒灰岩和泥晶灰岩等。厚65~138 m。该组是紫砂陶瓷土含矿层位之一。

(5)徐庄组($\in_2$x):下部为泥质粉砂岩、粉砂质页岩夹薄层藻屑灰岩、泥晶灰岩。上部为中薄层鲕粒灰岩、砾屑灰岩、生物碎屑灰岩夹细砂岩、粉砂岩。厚42~343 m。该组是水泥灰岩的重要含矿层位。

(6)张夏组($\in_2$zh):下部以鲕粒灰岩为主,夹生物碎屑灰岩、泥晶灰岩等。上部为细晶白云岩、泥砂质白云岩及白云质灰岩等。厚58~141 m。该组是水泥灰岩、白云岩的重要含矿层位。

(7)崮山组($\in_3$g):上部为黄色薄板状含泥质条带白云质灰岩,下部为深灰色、灰色厚层鲕状白云质灰岩。厚4~189 m。

(8)长山组($\in_3$c):上部为淡黄色泥质白云质灰岩,下部为灰色厚层状白云质灰岩。厚52~120 m。

2.1.6 上古生界

2.1.6.1 石炭系(C)

该地层主要分布在汝州市寄料镇和蟒川镇,宝丰县,郏县北部。市区仅零星出露。自下而上分为本溪组和太原组。

(1)本溪组(C_2b):主要由铝土矿、铝土质页岩、赤铁矿、铁铝质黏土岩组成。厚2~16 m。该组是铁矿、铝土矿、耐火黏土矿及陶瓷黏土的重要含矿层位。

(2)太原组(C_3t):下部为灰岩夹薄层煤(线),中部为泥岩夹薄层粉砂岩,上部为燧石团块灰岩、灰岩夹灰色砂岩。厚7.5~105 m。该组是煤、熔剂灰岩的重要含矿层位。

2.1.6.2 二叠系(P)

该地层主要分布在汝州市小屯乡的朝川、临汝镇北部的暴雨山、寄料镇、焦古山周围,宝丰县,鲁山县梁洼镇,平顶山市区和韩梁矿区,郏县北部和东南部,是主要的含煤岩系。整合于石炭系太原组之上。自下而上分为山西组、石盒子组。

（1）山西组：岩性为灰白色中细粒长石石英砂岩、泥岩、深灰色细粒长石石英砂岩等，夹二$_1$煤层，上部为灰色杂斑含铝土泥岩。厚约87.5 m。

（2）石盒子组：为一套黄绿色、灰紫红色页岩、泥岩、粉砂岩、长石石英砂岩等组成的河湖相沉积地层，局部夹薄煤层。

2.1.6.3　二叠系—三叠系下统石千峰群（P_2sh）

该地层分布在宝丰县，鲁山县梁洼镇，郏县北部、市区平顶山和韩梁矿区。自下而上分为孙家沟组、刘家沟组、和尚沟组。

（1）孙家沟组：由一套砖红色、紫红色黏土岩夹紫红色、灰绿色长石砂岩、长石石英砂岩及灰绿色、灰白色页岩和泥灰岩透镜体等湖相沉积物组成。局部含石膏。

（2）刘家沟组：主要岩性为灰紫色、紫红色细砂岩、长石砂岩、石英砂岩、钙质粉砂岩，夹砂质黏土岩。

（3）和尚沟组：主要岩性为鲜红色、暗紫红色钙质、砂质黏土岩、粉砂岩，夹暗紫色、灰白色长石石英砂岩，含钙质结核。

2.1.7　中生界白垩系（K）

该地层主要分布在宝丰县大营镇、鲁山县梁洼镇一带。为一套河湖相火山喷发岩系地层，与下伏二叠系–三叠系下统石千峰群呈角度不整合接触。下部为紫红色、灰绿色、深灰色泥质粉砂岩、黏土岩夹砾岩、泥灰岩；中、上部为玄武岩、安山玢岩、火山角砾岩夹紫红色粉砂质黏土岩。厚64~163 m。

2.1.8　新生界

2.1.8.1　古近系（E）

汝州市寄料镇东北部出露陈宅沟组，岩性为紫红色钙质、铁质、泥质砂砾岩夹砂质泥岩。厚约410 m。汝州市寄料镇西北和蟒川镇、宝丰县和市区内仅零星出露始新统蟒川组，主要由红色砾岩、砂砾岩、含砾钙质砂岩夹泥质粉砂岩、泥灰岩等组成。厚50~640 m。汝州市杨楼乡南部的石台和寄料北部的高沟一带出露石台街组，岩性为红色砂质页岩与砂质泥岩互层夹含红色钙质、铁质胶结物的砾岩。厚约834 m。

2.1.8.2 新近系(N)

汝州市临汝镇西部、庙下乡东部及寄料镇北部,宝丰县,鲁山县董周、张飞沟一带,市区、郏县北部北竹园沟出露中新统洛阳组(N_1ly)、大安组(N_1da)和上新统潞王坟组(N_2lw)。

(1)洛阳组(N_1ly):岩性变化较大,下部主要为杂色钙质或砂质胶结砾岩;中部为褐黄色、褐红色砂质泥岩与砂、粉砂质泥岩互层;上部主要为褐黄色、灰白色砂质泥灰岩与砂质泥灰岩互层夹砂砾岩。厚24～42 m。

(2)大安组(N_1da):岩性为橄榄玄武岩、辉石橄榄玄武岩、橄榄玻璃玄武岩等。厚4～118 m。

(3)潞王坟组(N_2lw):岩性为灰白色泥晶灰岩、黏土岩等。厚约35 m。

2.1.8.3 第四系(Q)

研究区内第四系十分发育,广泛分布在平原、山间盆地和山前岗丘地带,成因类型复杂,出露厚度0～20 m,钻孔揭露厚度多在100～200 m,与下伏新近系及其以前的老地层皆呈角度不整合接触。根据岩性特征、古生物资料、接触关系、同位素年龄等,将区内第四系地层按其相对时代及成因类型自下而上划分为下更新统、中更新统、上更新统和全新统。

(1)下更新统(Qp_1):主要分布在鲁山县昭平台水库两侧及宝丰县、郏县、市区、叶县、舞钢等地的山前岗坡地带,与新近系及其以前的老地层呈角度不整合接触,其上被中更新统和上更新统地层覆盖,主体岩性为岗地砾石层夹黏土层,出露厚度大于15 m,地貌上构成Ⅳ级阶地。

(2)中更新统(Qp_2):主要分布在汝州市、宝丰县、郏县等山前冲洪积倾斜平原地带,成因类型为冲洪积复合型。岩性下部为红色含砾石黏土层、砂砾石、亚砂土,夹有黏土及粉质黏土层;中部为红色、灰绿色黏土、砂质黏土层;上部为红褐色黏土夹灰绿色黏土,含大量棱角状岩屑及砂粒,偶见钙质结核,直径可达30 cm,并含不成形的铁锰结核;顶部为黄褐色含砾砂质黏土。厚4~35 m。地貌上多呈舒缓起伏状,构成Ⅲ级阶地。

(3)上更新统(Qp_3):主要分布在山前倾斜平原及汝河、沙河等河流的两岸,地貌上构成Ⅱ级阶地,与Ⅰ级和Ⅲ级阶地呈截切关系,岩性为泥质中(细)砂、粉土、褐黄色粉质黏土、黏土等,含有砂砾。垂直节理发育,含有不规则状结核。厚4~30 m。

(4)全新统(Q_h):主要分布在区内大小河流两岸及河谷中,按岩性、地貌特征分为下部冲积层和上部冲积层。下部冲积层主要分布在区内各大河流及其支流两岸,形成河流Ⅰ级阶地,由粉质黏土、砂土及砾石层组成,厚2~9 m,与Ⅱ级阶地及上部冲积层呈斜截关系。上部冲积层主要分布在区内大小河流的河床、河漫滩上,为河流冲积、洪积堆积物,岩性随地而异,在沙河、汝河等河流上游山区为砾石层夹粗砂层,中下游平原区多为砂层、粉土、粉质黏土,其间局部夹淤泥层和砂砾石层,粗大砾石极少,分选性良好,厚1~5 m。

2.2　岩浆岩

岩浆岩是构造运动的产物,本区经历了多期构造运动,岩浆活动强烈、频繁,分布广泛,种类齐全,既有侵入岩,又有火山岩,出露面积约1 100 km²,主要分布在鲁山县尧山镇、赵村乡、四棵树乡、下汤镇、鸡塚乡、熊背乡、瀼河乡、马楼乡、张良镇,叶县保安西北蛮子营—水果寺一带及辛店东南渔池沟、塘山沟、汴沟一带。受车村—下汤断裂控制,侵入岩体与区内主要构造线方向基本一致。

区内岩浆活动在嵩阳期、王屋山期、晋宁期和燕山晚期均有表现。嵩阳期岩浆活动以中基性、中酸性岩浆喷发为主,另有超基性中性岩浆侵入;王屋山期岩浆活动较为强烈,以中基性岩浆喷发为主,中酸性岩浆喷发和中酸性岩浆侵入活动次之;晋宁期有小规模的中基性岩浆喷发;燕山晚期主要为酸性岩浆多次侵入。由于各期岩浆活动,形成了大小不等、形态各异的岩基、岩株、岩脉,构成了复杂的岩浆岩分布图案。

岩性主要为石英二长闪长岩、钾长花岗斑岩、石英正长岩等。

2.3　地质构造

　　平顶山市大地构造位置处于华北陆块南缘,渑池—确山陷褶断束中段。境内地质构造较为复杂,以压扭性断裂为主,褶皱构造次之,新构造运动活跃。主要表现为差异性升降。平顶山市主要褶皱和断裂构造见图 2-1。

图 2-1　平顶山市主要褶皱和断裂构造

2.3.1 褶皱

平顶山市具有代表性的褶皱共有 11 处,分别为韩庄—梁洼向斜、石板河—观音堂背斜、段沟向斜、襄—郏背斜、令武山向斜、白石山背斜、李口向斜、国贝石—石庙向斜、辛集背斜、瓦店—王桥复向斜、常村—李九思—红石岩砦向斜等。

(1)韩庄—梁洼向斜。位于宝丰县西部,是韩梁煤田的含煤构造。是由西南两翼组成的向北东方向开扩的倾伏向斜。轴向北东—西南,主轴 N20°E,西翼主走向 N30°E,南翼主走向 N40°~70°E,倾角平缓。两翼地层依次出露寒武系、石炭系、二叠系及古近系、新近系。受青草岭逆断层及韩庄向斜制约,翼侧地层直立或侧转,局部形成次级构造。

(2)石板河—观音堂背斜。位于宝丰县西北部,轴向 N40°W,轴部由汝阳群北大尖组地层组成。两翼主要由震旦系、寒武系地层组成。两翼地层局部发育次一级的波浪式宽缓褶皱。由于受到北西向断裂的破坏,该背斜仅部分保留完整。

(3)段沟向斜。位于禹州市、郏县西南段沟至安良一带。走向 200°~300°。其北西端抬起出露,东南端没入第四系黄土之下。大刘山、三峰山、白塔山出露的石炭系、二叠系煤系地层为其东北翼,岩层向南倾,倾角 15°~25°;小刘山—王英沟的石炭系、二叠系煤系地层为其西南端,倾向北东,倾角 25°~40°。在景家洼煤矿北,可见向斜北西端岩层走向呈明显的弧形转折。

(4)襄—郏背斜。位于襄城县西至郏县城东一线,背斜轴呈北西—南东向展布,其轴部和东北翼均被第四系沉积物覆盖。南西翼出露地层为二叠系上石盒子组,倾向南西,倾角 10°~20°。该背斜向北西倾伏。

(5)令武山向斜。位于襄城县南令武山和首山西南一带。向斜呈北西—南东向展布。北西端收敛抬起,向南东撒开。槽部和两翼均为二叠系地层,北东翼倾向南西,倾角 10°~15°;南西翼倾向北东,倾角稍陡,最大达 40°。

（6）白石山背斜。位于襄城县西南的尖山、白石山和姜店一带，为夹在令武山向斜和李口向斜之间的一个狭长形背斜，轴向和两向斜基本平行，轴部出露上石盒子组地层，其北东翼为令武山向斜的南西翼，南西翼为李口向斜的北东翼。

（7）李口向斜。东起襄城县西南焦赞、孟良二寨之间，经郏县李口，向宝丰县赵管营方向延伸。轴向北西—南东，南东端收敛抬起，向北西倾伏，呈扇形展开，于李口以西没入第四系沉积物之下，向斜槽和翼部均出露二叠系地层，两翼大致对称，北东翼倾向南西，倾角 5°~15°，南西翼倾向北东，倾角 10°~25°。

（8）国贝石—石庙向斜。位于国贝石、王家庄、朝阳观、石庙一带，轴迹走向 115°左右，向西翘起，东部被第四系掩盖，南翼大部分被车村—下汤断裂切割破坏和神林超单元、叶庄序列侵入吞食；出露长约 17 km。核部地层为震旦系和寒武系，北翼由中元古界熊耳群和汝阳群、新元古界洛峪群组成，南翼尚残存有中元古界熊耳群、汝阳群。北翼倾向南或南东，倾角 20°~40°；南翼产状与其一致。该向斜以层理为变形面形成北缓南陡的大型褶皱，形态宽缓，岩层无韧塑性变形，形成于挠曲作用，为浅部构造层次的产物。

（9）辛集背斜。位于郏县西南部，与李口向斜毗邻，轴迹互相平行。由于鲁山—叶县大断裂的切割，西南翼下降，被新生界地层广泛覆盖。区内仅出露了北东翼及近核部地层，主要有寒武系（∈）、震旦系罗圈组（Zl）、中元古界汝阳群云梦山组（Pt_2y）等，太古界太华群（Ar_2th）仅零星出露。岩层倾向北东，倾角 10°~20°。

（10）瓦店—王桥复向斜。属隐伏向斜，呈北西向，经任店南、县城南、仙台北贯穿叶县全境。其核部为震旦系地层，翼部为太古界地层。

（11）常村—李九思—红石岩砦向斜。轴向为北西—南东向，被两条北东向的隐伏断层错断，呈三段平行斜列于常村一带。组成岩性为一套震旦系地层，北西端被燕山期花岗岩吞没。

2.3.2　断裂

境内断裂构造经历长期多期次复杂的力学性质的转变过程，断裂的压扭性强、特征明显。断层方向纵横交错,主要有东西向、北西向、北东向等。代表性断裂构造主要为三门峡—宜阳—汝州—郏县—襄城断层、宝—郏断层、襄城县大断层、青草岭逆断层、背孜—鲁山断层、车村—下汤断层、锅底山平移断层等。

(1)三门峡—宜阳—汝州—郏县—襄城断层。是嵩箕地块与华熊地块的分界线,该断裂全被第四系覆盖。

(2)刘洼断层。西起汝州市妙水寺,经焦村镇水沟村进入郏县,全长47 km以上,属正断层,倾向南,倾角60°以上。

(3)大张断层。向北东延至梁庄以南,向西经大张、湾子街后没入汝河,为第四系覆盖,全长30 km以上,属正断层,走向北东—南西,倾向南东,倾角约70°。

(4)宝—郏断层。位于宝丰—郏县一线以东,为一隐伏断层,以水平位移为主,北西盘相对向北东斜落并切断北西向的李口向斜。为一具右行平移性质的逆断层。走向45°,倾向北西,长约60 km。推测埋深:北西盘2 000~2 400 m,南东盘400~1 000 m;推测断距:水平位移1 500 m,垂直升降小于1 000 m。

(5)襄城县大断层。自郏县城东经襄城县城西丁营南向南东延伸,为隐伏正断层。走向310°,倾向北东,长约90 km。推测断距:西段1 000 m,东段3 000 m。

(6)鲁山—漯河大断层。从鲁山、叶县南部穿过。为隐伏正断层,走向西段290°、东段近东西,倾向南,倾角约60°。断距1 000~2 000 m。

(7)杨村—合水大断层。位于鲁山杨村至西平合水一线,为隐伏正断层,走向北西—南东,倾向北东,倾角60°,断距500~700 m。

(8)坟台—砖探大断层。位于叶县坟台至西平砖探一线,为隐伏正断层,走向115°,倾向南西,倾角60°~65°,断距1 000 m左右。

(9)枕头山—琉璃堂断层。为一具右行平移性质的逆断层,走向北西345°,倾向南东或北西,倾角50°~70°。破碎带宽数十米,长约8 km。沿走向呈舒缓波状,擦痕明显,断层角砾岩发育,并具赤铁矿化。

(10)罗顶—沈家断层。为正断层,断层面平直,走向290°,倾向南西,倾角50°~70°,破碎带宽20~30 m,具赤铁矿化。

（11）青草岭逆断层。位于市区西南部,由一系列小断层组成。断层主走向 315°左右,断层面倾向南西 60°左右,倾角 11°~50°。断层垂距一般为 30~50 m。

（12）三间房—下和平断层。在三间房走向近东西,在石板河走向转为南东,倾向南或南西,局部倾向北东,倾角 50°~67°,断层面舒缓波状,长 6.5 km,擦痕明显,破碎带内构造角砾岩发育,属正断层。

（13）铁山—边庄断层。由西向东,走向由近东西向转为南东向。倾向南或南西,倾角 55°~70°,为逆断层。断层面呈舒缓波状,破碎带宽 30~60 m,长 6 km,断层带内断层角砾岩发育,并具赤铁矿化。

（14）大店头—石灰窑断层。是物探推断、深钻验证的一条隐伏断层,长约 30 km。在石灰窑以西走向为北西向,以东走向转为近东西,倾向北东。断层东北盘下降,断距 300 m 以上,属正断层。

（15）背孜—鲁山断层。在地貌上形成一系列沟谷陡坎,走向西北—东南,略呈弧形弯曲。南西倾斜,倾角 70°以上,断面呈舒缓波状,断层破碎带一般宽 20~30 m,深度在 37 km 以上,中心为碎粉岩和碎粒岩,两侧为角砾岩和碎裂岩,断层带附近伴生小褶皱枢组,断裂带的主期活动发生在燕山晚期,为一浅层次的逆冲推覆断裂带。

（16）梁洼—鲁山断层。位于刘家坡、杨岭坡、鲁山坡等地,切割基底岩系和盖层岩系,局部出露较好,构造角砾岩发育,断面清晰,产状倾向 230°,倾角 50°左右,根据地层错动方向判断为左旋平移断层。

（17）王坪—土门街断层。主要分布在瓦屋乡的南部,长约 35 km,形成宽十米至几十米的挤压破碎带,最宽处达百米以上,断面多向南西倾斜,倾角 75°以上,局部直立,此断裂主要表现为顺扭的压扭性,压性较强,并经过压—张扭—压扭等多期活动。

（18）头道沟—水泉岭断层。主要分布在下汤镇的北部和瓦屋乡的南部一带,长约 9.5 km,走向 310°左右,断面产状变化大,在 220°∠60°左右,断层角砾岩、断层泥发育,两侧均揉皱强烈,属逆断层。

（19）车村—下汤断层。近东西展布,向东没入第四系,全长 85 km,该断裂穿过晋宁期、燕山期花岗岩,破碎带宽 100~500 m,滑动面产状 165°~175°∠75°~80°,线理倾向 230°~265°,倾伏角 20°~30°指示向北冲,该断裂错断燕山期花岗岩,形成于燕山晚期。

(20)北蚩—吴湾断层。从市区中部的北蚩、贾庄、吴湾通过,向西进入宝丰县,呈北西南东向延伸,走向长大于 30 km。区域资料表明断层倾向北东,北东盘下降,断距大于 300 m,属正断层。

(21)九里山逆断层。经郑营、苗后呈北西—南东向展布,全长约 20 km,倾角 40°左右,该断层形成于古生代,新生代又有活动,切割了元古界—下古生界地层,沿断层有赤铁矿化、碳酸盐花。

(22)锅底山平移断层。经过平煤五矿、市区、汝汾店,呈北西—南东向展布,全长约 33 km,倾向南西。南西盘向南东推移,北东盘向北东推移,对煤层有一定的破坏性。

(23)阎口—余官营断层。为一隐伏正断层,属郏县断层的一部分,全长约 33 km,走向北东,倾向北西,西盘下降,东盘上升。它切断了鲁—叶、北蚩—吴湾、九里山断层,并破坏了李口向斜的完整性,对煤层有一定的破坏性。

(24)井营平移断层。分布于锅底山—井营—郏山阳一线,走向北北东,长约 9 km,切断了鲁—叶、北蚩—吴湾断层和云梦山组、寒武系、石炭系、二叠系等地层,西盘向南西平移,东盘向北东平移。

(25)大郭沟—夏李断层。展布于大郭沟经李九思至夏李一线,以水平位移为主,走向 47°,倾向北西,水平位移约 4 000 m。

(26)枣庄—龙泉断层。展布于龙泉至枣庄一线,以水平位移为主,走向 37°,倾向北西,水平位移约 3 000 m。

第 3 章　水文地质条件

3.1　地下水类型与含水层的划分

平顶山市境内河流密布,切割作用较强烈,地貌类型多样,地层岩性组合复杂,决定了区内水文地质条件的特殊性和复杂性。在不同的地层、岩性组合,不同构造和地貌条件下,辅以水文、气象等因素的共同作用,全区共形成了四种类型的地下水,即松散岩类孔隙水、碳酸盐岩类裂隙岩溶水、碎屑岩类孔隙裂隙水和基岩裂隙水(见附图 2)。因各类地下水均赋存于不同的岩层组合之中,根据不同的地层岩性组合和赋存空间的成因、性质,进一步划分出 7 个含水层,见表 3-1。

表 3-1　地下水类型及含水层

地下水类型	含水层	地层时代
松散岩类孔隙水	浅层	Q_h、Q_p^3、Q_p^2
	中深层	Q_p^1
碳酸盐岩类裂隙岩溶水	碳酸盐岩类	$\in_2 z$、$\in_3$
	碳酸盐、碎屑岩类	$\in_1$、$\in_2 x$、$\in_2 m$、C_{2+3}
碎屑岩类孔隙裂隙水	碎屑岩类	Pt_2^2、Pt_3、P_1、P_2、T、E
基岩裂隙水	石英砂岩层状岩类	Yp、Nd
	花岗岩、片麻岩块状岩类	

3.1.1　松散岩类孔隙水

松散岩类孔隙水是本区主要的地下水类型。根据含水介质的埋藏条件,对汝河、沙澧河等河谷平原和山前堆积剥蚀岗地松散岩类分布区,以下更新统(Q_p^1)—上第三系(N_1)顶部砂质黏土、泥质卵砾石作为相对稳定的隔水层(顶板埋深 30~50 m)为界进行分层。该层之上,构成浅部统一的含水介质,划分为浅层含水层;该层之下,构成深部统一的含水介质,划分为中深层含水层,控制深度 300 m。

3.1.1.1　浅层含水层

在汝河、沙澧河等河谷平原和山前堆积剥蚀岗地广泛分布浅层含水层,面积 4 242.14 km²。组成岩性一般为全新统(Q_h)、上更新统(Q_p^3)和中更新统(Q_p^2)的砂卵砾石和泥质砂砾卵石、粉土及粉质黏土。由于构造对地层的控制作用和水动力等外动力地质作用,含水岩组底板埋深及砂层厚度变化较大,空间分布很不均一。

在汝河河谷平原区广泛分布全新统和中上更新统砂砾卵石层,并且相互叠置在一起,分布稳定,结构松散,泥质含量低,含水介质的储水和导水性能极好。但由于基底起伏较大,各地段含水砂卵石层厚度变化也较大,如图 3-1 所示,河谷平原区砂层厚度为 5~30 m。

图 3-1　浅层含水层砂层厚度等值线

沙澧河冲积平原区包括全新统、上更新统、中更新统上段含水砂层。含水层底板埋深一般为 30~50 m,自西向东颗粒变细,厚度变大,在叶邑镇一带为一套以粗粒为主、粗细相间的各类砂层夹粉土地层,垂向上表现为下粗上细多个沉积韵律。含水层岩性由粗变细,由厚变薄,层数变多,单层厚度变小。含水层岩性主要为含砾中粗砂、中砂、中细砂、细砂。

区内岗地的含水介质为中更新统(Q_p^2)粉质黏土、泥质砾卵石。底板埋深较浅,一般为 10~30 m,砂层厚度较薄,一般为 0~5 m,泥砾结构较紧密,多呈半胶结状,地下水赋存条件极差,一般为孔隙潜水。汝州—郏县北部岗地含水介质为中、上更新统粉质黏土、粉土、泥质卵砾石,虽然含水层广泛分布,但由于山前冲洪积等地质作用影响,厚度变化较大,一般为 3~10 m,砂砾石层底板埋深一般为 30~50 m。

砂层中泥质含量不一,且结构疏密程度不同,从而使得不同地段的储水和导水性能悬殊,其总的特点是,河谷平原区的含水层赋存条件和导水性能明显优于岗地,一般为潜水或微承压水。

3.1.1.2 中深层含水层

根据前人工作成果及本次工作取得的资料,中深层含水层主要分布在汝河河谷、沙澧河冲积平原及部分山前倾斜平原,面积为 2 808.69 km²。组成岩性主要为下更新统、上第三系的泥质卵砾石、砂砾岩、泥灰岩。结构较紧密,泥质或钙质胶结,多呈半固结状或固结状,储水和导水性能较差。含水砂层底板埋深在山前一般小于 100 m,含水层顶板埋深一般为 60~100 m。如图 3-2 所示,含水砂层厚度在郏县、叶县东部为 30~60 m,其他地区一般为 10~30 m。

图 3-2　中深层含水层砂层厚度等值线

3.1.2　碳酸盐岩类裂隙岩溶水

　　本区碳酸盐岩类裂隙岩溶水赋存于寒武系及石炭系碳酸盐岩层之中,主要分布在南部和北部山区,总面积 873.08 km²。根据含水介质和岩性组合差异及地质时代不同,进一步划分为碳酸盐岩类裂隙岩溶水含水层和碳酸盐岩夹碎屑岩裂隙岩溶水含水层。

3.1.2.1　碳酸盐岩类裂隙岩溶水含水层

　　该含水层广泛分布在侵蚀低山和残山丘陵区,面积 767.63 km²。组成岩性为寒武系中统的张夏组和寒武系上统的崮山组白云质灰岩、白云岩及泥质条带鲕状灰岩,其中碳酸盐含量约 70% 以上,纯度较高,为厚层状。由于该岩组处于区域碳酸盐岩类裂隙溶洞水的强烈循环交替带，裂隙和溶洞非常发育，导水和储水性能相对较好。地下水为深埋的潜水或承压水。在碳酸盐岩层分布的地形低洼处或缓坡地带，有岩溶泉出露，这些地段是山地和丘陵区地下水的主要赋存和富集地带，也是山区人民取水的主要开采层。

3.1.2.2 碳酸盐岩夹碎屑岩裂隙岩溶水含水层

该含水层分布于南、北低山和丘陵地带，面积 105.45 km^2。岩性为寒武系下统(辛集组和馒头组)和中统(毛庄组和徐庄组)的灰岩、泥质灰岩、白云质灰岩、豹皮灰岩、泥质条带鲕状灰岩夹页岩、砂岩、砂砾岩，也包括石炭系中上统的炭质页岩、砂岩夹灰岩等。其中，碳酸盐含量为 30%~70%。该类含水岩组溶蚀裂隙及溶洞呈多层状分布，是区域裂隙溶洞水的水平径流带，地下水沿各相对隔水层以进行水平运动为主，在沟谷或地形低洼处以泉的形式排泄。

3.1.3 碎屑岩类孔隙裂隙水

本区碎屑岩类孔隙裂隙水指中元古界(Pt_2^2)、二叠系(P)、三叠系(T)、下第三系(E)砂岩、砾岩及页岩、泥岩中赋存的孔隙裂隙水。主要分布在南部和北部的侵蚀低山和残山丘陵区，面积 200.36 km^2。时代较老的砂岩发育众多的构造裂隙和风化裂隙；时代较新的下第三系砂岩胶结不太紧密，发育有一定孔隙。地下水赋存于该类含水岩组的层间裂隙、孔隙中，形成潜水。

中元古界(Pt_2^2)砂岩、砂砾岩含水层，主要分布在鲁山县的梁洼镇、边庄和娘娘山一带，节理与裂隙发育，但多数裂隙的开启性不好，富水性较差，泉水的赋存多与断裂构造有关。

二叠系(P)砂岩、泥岩、页岩、粉砂岩、长石砂岩等含水层，主要分布在宝丰县的大营、张八桥、李庄南部一带，富水特征主要取决于岩石的胶结程度和裂隙发育程度，总体上含水微弱，补给条件较差，径流缓慢。

三叠系(T)及下第三系(E)砂岩、砾岩含水层，主要分布在汝州市寄料北—杨楼南、蟒川镇政府周围和庙下乡东部，其他区域亦有零星分布。该类含水层由多层组成,含水层之间为泥岩、砂质泥岩、页岩相隔,相互间水力联系极差。

3.1.4 基岩裂隙水

基岩裂隙水主要分布在区内西南部的低山丘陵区,面积2 566.47 km²。主要由太古界变质岩系组成,其次为燕山期花岗岩及太古界变质岩系。按含水岩组的岩石结构,分为层状岩类裂隙水含水层和块状岩类裂隙水含水层两大类。

3.1.4.1 石英砂岩层状岩类裂隙水含水层

该含水层分布在鲁山县北部、南部及舞钢市南部基岩山区,面积1 914.74 km²,大致呈北西—南东方向展布。组成岩性以上元古界震旦系变质岩为主,包括厚层状肉红色、灰白色中粗及中细粒石英砂岩,暗紫红色泥质粉砂岩,杂色冰碛泥砂质砾岩,灰绿紫红色泥质或砂质页岩等。

地下水主要富集在岩层裂隙之中。在张性断裂带及压性断裂的影响带,侵入体旁侧形成脉状裂隙水。坚硬的石英砂岩在地貌上形成单面山,地层产状较陡,接受降水补给较差,泉水流量一般偏小。当石英岩遇到页岩、侵入体及压性构造面的阻隔时,在有利的地形部位溢出成泉。

3.1.4.2 花岗岩、片麻岩块状岩类裂隙水含水层

该含水层分布在汝州市北部、鲁山县中北部及西南部,片状零星出露,面积651.73 km²。岩性以燕山期花岗岩为主,其次为安山岩及太古代片麻岩。花岗岩颗粒较粗,呈球状风化,风化深度约10 m。网格状节理裂隙发育,面裂隙率5%左右,含风化壳裂隙水。在地形切割部位或受阻水岩层堵截处溢出成泉。

3.2　地下水富水性分区及其分布规律

松散岩类含水岩组富水性分区主要根据水文地质钻孔抽水试验资料,并参考机民井抽水试验资料的实际涌水量,换算成统一井径和统一降深(井径:300 mm,降深:浅层地下水5 m、中深层地下水15 m)的

单井出水量,以此作为富水性分区的依据。碳酸盐岩类裂隙岩溶水、碎屑岩类孔隙裂隙水等基岩类地下水主要以泉流量和径流模数来表征其富水状况,少量钻孔涌水量只作为参考。

3.2.1　松散岩类孔隙水

依据上述条件换算出的单井出水量,将浅层地下水分布区按富水性划分为 4 个区,即强富水区(单井出水量大于 1 000 m³/d)、中等富水区(单井出水量 500~1 000 m³/d)、弱富水区(单井出水量 100~500 m³/d)和贫水区(单井出水量小于 100 m³/d);将中深层地下水分布区按富水性划分为 2 个区,即强富水区(单井出水量大于 1 000 m³/d)和中等富水区(单井出水量 500~1 000 m³/d)。

3.2.1.1　浅层含水层

该含水层含水介质全部为第四系的松散堆积物,在不同地貌单元含水层的成因与岩性结构均不相同,其富水性亦有很大差异,河谷平原及冲积平原富水性较强,河流南北两侧岗地富水性较弱;砂、砂砾石和卵石层厚度大的区域富水性强,厚度小的区域富水性弱。

1.强富水区(单井出水量大于 1 000 m³/d)

该区主要分布在汝河、沙河河谷平原及东部平原,面积 1 689.07 km²。含水砂层沿河道带最厚,河间地区较薄。一般西部河谷平原上更新统河道相砂卵石层同中更新统泥质砾卵石层叠置在一起,组成统一的双层结构含水层。下部砂砾卵石层厚 14.70~37.20 m。根据已有钻孔资料可知,平原地区中更新统由两个韵律层组成,层序是:砂砾石、粉土、粉质黏土或粗(中)砂、粉质黏土。上更新统自成一个韵律层,常为泥质中(细)砂、粉土与淤泥质粉质黏土。砂层总厚度 3.10~30.10 m,一般主流带岩性粗、厚度大,在河间地带砂层细且较薄或缺失。粉质黏土和粉土也是较好的含水层,使得浅层含水层单井出水量均在 1 000~5 000 m³/d。浅层含水层的分布情况见图 3-3 和图 3-4,以上两个水文地质剖面的平面位置见附图 1。

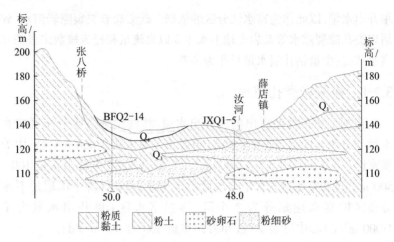

图 3-3　汝河段水文地质剖面 （单位：钻孔深度，m）

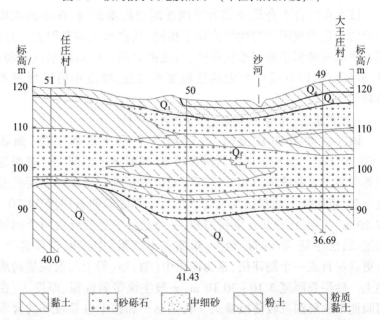

图 3-4　沙河段水文地质剖面 （单位：钻孔深度，m）

2.中等富水区(单井出水量 500~1 000 m³/d)

该区主要集中分布在以下两个区域:

(1)汝州张良、坟台一带、宝丰县东部及郏县汝河冲积平原两侧,面积 1 338.56 km²。为双层结构含水层,上部是粉质黏土、粉土、淤泥质粉质黏土,多含姜石层,厚 15.3 m;下部是泥质砂砾石、泥质中砂、中细砂和粉砂,单层厚 1~16 m。常有 2~3 个沉积韵律,砂砾层厚 2~26 m,呈带状分布,单井出水量 482~991 m³/d。

(2)宝丰县城区、闹店一带的山前残岗倾斜平原,面积 81.34 km²。主要由下更新统冰碛、冰水湖相固结土、混粒砂组成,在残岗上直接出露地面。倾斜平原上普遍分布 3~7 m 厚的黄土状土及灰色淤质土,下部多有 1~3 m 厚的泥质卵石或砂砾石层形成孔隙潜水。在薛庄—平顶山一带,山间洼地中灰黑色粉质黏土下部普遍发育炉渣状姜石层,形成良好的孔洞孔隙潜水。由于岩性结构的差异,造成富水性强弱不一,单井出水量 415~824 m³/d。

3.弱富水区(单井出水量 100~500 m³/d)

该区主要分布在汝州—郏县南部双庙—东丁岭一带和市区北部,面积 341.12 km²。呈近东西向展布,宽 3~5 km,中间高,两侧缓倾没于平原。由中更新统冲积、洪积棕红色粉质黏土及粉土组成,局部有冲积砂和砂砾石分布,厚 4~16.60 m,单井出水量 119~456 m³/d。

4.贫水区(单井出水量小于 100 m³/d)

该区主要分布在叶县南部的玉皇店—保安一带、宝丰—郏县北部的夏店—高垌一带、鲁山南部、舞钢市南部,面积 792.05 km²。由冰碛泥砾、冰水湖相固结黏土、混粒砂、混粒土、泥质砂砾石和碎石组成。表层覆盖中更新统姜黄色、棕红色粉质黏土。在沟谷两侧岗地后缘和岗间洼地中,披覆粉质黏土厚度较大,一般为 8~21 m,能形成上层滞水和裂隙孔隙潜水,常在负地形中溢出成泉。固结黏性土和泥砾一般在 30 m 以上的风化影响带也发育微弱裂隙孔隙潜水,单井出水量 12~84 m³/d。

3.2.1.2　中深层含水层

该含水层指的是埋深 50~300 m 的含水综合体,以下更新统冰水沉积、冰碛和湖相沉积为主,在宝丰—郏县一带主要是新第三系湖相沉积的含水层。在平顶山东部,由于中更新统河流冲积相砂体埋藏深度大于 50 m,也作为中深层含水层叠置于下更新统之上。

1.强富水区(单井出水量 1 000~3 000 m³/d)

该区主要分布在汝河冲积平原、沙澧河冲积平原,岩性以中砂、细砂和砂砾石为主,厚 8.60~20 m,宽 5~25 km。两侧的泛流堆积物只有粉土、粉质黏土夹薄层粉细砂,所以富水性差异较大。深埋的下更新统含水层为多层结构,由砂、硬黏土的韵律组合而成,砂黏比为 0.10~0.30,主要砂层的埋藏深度大于 150 m。因砂层的分选性较好,单井出水量 1 000~3 000 m³/d,属于强富水区。个别富水带,中、下更新统含水岩组混合成井,承压水埋深 8~15 m,单井出水量大于 3 000 m³/d。该水文地质剖面的平面位置见附图 1。

2.中等富水区(单井出水量 500~1 000 m³/d)

该区主要集中分布在以下三个区域:

(1)宝、郏凹陷盆地中赵官营、大石桥一带。新第三系时期是一个淡水盆地,有稳定的沉积环境,含水层由半胶结细砂岩,中粗砂和中粗砂含砾石组成,总厚度达 53.36 m,单井出水量 500~1 000 m³/d。

(2)沙河断陷槽地中。早更新世时,槽地继续下沉,接受了 200~300 m 厚的沉积物,早更新世末期,湖盆填平形成一个完整的湖相沉积旋回。含水层为粗粒相沉积韵律构成湖退相沉积,顶、底部岩性粗,厚度大,含较多泥质,中部分选性虽好,但砂层薄且颗粒变细,所以富水性较差。根据岩性和少量钻孔抽水资料推断,承压水埋深 2.28~8.83 m,单井出水量 500~1 000 m³/d。

(3)保安、坟台,张良、谷店南部一带,底部堆积 23.45 m 厚的含砾粗中砂,中部间冰期为厚 77.0 m 的泥质中粗砂、中细砂,上部是第二冰期湖退相冰碛泥砾和泥质砂砾石堆积。承压水埋深 23.95 m,单井出水量 500~1 000 m³/d。

3.2.2 碳酸盐岩类裂隙岩溶水

碳酸盐岩类裂隙岩溶水按照埋藏条件的不同可以划分为裸露

型、覆盖型和埋藏型三大类。

3.2.2.1 裸露型

根据岩性及岩相的变化,进一步划分为碳酸盐岩类裂隙岩溶水含水层和碳酸盐岩夹碎屑岩裂隙岩溶水含水层。

1.碳酸盐岩类裂隙岩溶水含水层

该含水层主要分布在市区—宝丰及常村—保安一带,呈狭长条带或小片零星出露。组成岩性为震旦系上统厚层状灰岩、白云岩;寒武系中、上统灰-深灰色中厚层状泥质条带灰岩、白云岩,厚-巨厚层状鲕状灰岩、白云岩。地貌形态为低山岗丘。地表溶蚀裂隙发育,常见有 2~3 组,纵横交错,其中以层面溶蚀裂隙最为发育,裂隙上宽(0.1~1 m)、下窄(1~5 cm),间距 1~3 m,大部分已被粉质黏土或黏土充填。

岩溶的发育受地形、地貌、岩性、构造的控制。在坡度平缓的岗丘区,岩溶一般比较发育,而在地形坡度陡峻的地段,岩溶一般不太发育。例如,宝丰小店以西由中、上寒武系鲕状灰岩组成的岗丘,地形低缓,岩层倾角约15°,为岩溶的发生、发展提供了良好条件,溶梢、溶沟、溶蚀裂隙和溶洞形成了支离破碎的岩溶地貌景观。地质构造是控制岩溶发育的主导因素,而裂隙又是岩溶发育的基本条件。在背斜轴部,断裂构造的旁侧是岩溶发育的部位。例如,平顶山水泥厂水源地 7 号供水井位于压性断裂的上盘,旁侧张裂隙发育,溶蚀为巨大的溶洞,形成良好的贮水构造,单井出水量高达 3 000 m³/d。岩溶发育由浅而深逐渐减弱,经物探及钻探证实,50 m 以上为强发育段,向下急速递减,消失部位的标高为-400 m。

2.碳酸盐岩夹碎屑岩裂隙岩溶水含水层

该含水层分布在舞钢市孤石滩水库以南的低山丘陵区,呈北西—南东向展布。为一套下元古界变质岩系,由云母石英片岩夹大理岩及白云岩组成。其上段为厚层状白云母硅质条带大理岩、白云岩,下段为大理岩及硅质条带白云岩。根据本次调查及收集的相关资料,区内钻孔出水量最大为 4 044 m³/d,最小为 75 m³/d,一般为 2 160 m³/d,含水岩层为大理岩,底板为绢云片岩。

3.2.2.2 覆盖型

该类型分布在市区—余官营的槽形谷地内。被第四系沉积物覆盖,盖层由西向东逐渐加厚,一般 20~50 m。第三系灰岩(有的地段为泥灰岩或砾岩)厚 3~16 m,断续分布,且不整合于诸老地层之上,使下伏各灰岩含水层之间发生水力联系。它与中、上寒武纪鲕状灰岩、白云岩组成覆盖型裂隙岩溶水。根据本次收集的机民井钻探成果资料,富水性因岩性发育的不均一而异,钻孔出水量 100~1 000 m³/d,埋深 3~10 m。

3.2.2.3 埋藏型

该类型分布在市区—宝丰一带。顶板主要为巨厚的二叠系砂岩和石炭系泥页岩。寒武系上统岩性为灰白色白云质灰岩和白云岩夹薄层泥岩,揭露最大厚度 137.01 m,该层岩溶裂隙发育,为含水丰富但不均一的强含水层。

3.2.3 碎屑岩类孔隙裂隙水

中元古界(Pt_2^2)砂岩、砂砾岩含水层的节理与裂隙发育,但多数裂隙的开启性不好,富水性较差,泉水多与断裂有关。泉流量为 0.01~1 L/s,地下水径流模数为 0.46~1.60 L/(s·km²)。

二叠系(P)砂岩、泥岩、页岩、粉砂岩、长石砂岩等含水层的富水特征主要取决于岩石的胶结程度和裂隙发育程度,总体上含水微弱,补给条件较差,径流缓慢。泉流量小于 0.10 L/s,地下水径流模数为 1 L/(s·km²)。

三叠系(T)及下第三系(E)砂岩、砾岩含水层由多层组成,含水层之间为泥岩、砂质泥岩,页岩相隔,相互间水力联系极差。泉流量为 0.11~0.50 L/s,单孔出水量为 10~50 m³/d。

3.2.4 基岩裂隙水

石英砂岩层状岩类裂隙含水层在石英砂岩中的泉流量最大为1.60 L/s,最小为 0.06 L/s,一般为 0.20~0.80 L/s;在片岩中的泉流量为 0.20 L/s。地下水径流模数为 0.50~4 L/(s·km²)。

　　花岗岩、片麻岩块状岩类裂隙含水层中的地下水主要依靠大气降水补给,水量小而季节性变化大。泉流量最大为 0.15 L/s,最小为 0.05 L/s,一般为 0.10 L/s。地下水径流模数为 2.58 L/(s·km^2)。

3.3　地下水的补给、径流与排泄

3.3.1　松散岩类孔隙水的补给、径流与排泄

3.3.1.1　浅层地下水的补给、径流与排泄条件

1.补给条件

　　浅层地下水的补给以大气降水入渗为主,其次为灌溉回渗、河渠侧渗和侧向径流。

　　1)大气降水入渗

　　大气降水入渗补给是浅层地下水的主要补给来源,受多种因素影响,主要包括地形地貌、包气带岩性结构、地下水埋深、降水量和降水强度等。

　　在市域中部、东部的冲积平原区,地形平坦,地面坡降一般在 1‰~2‰,地表径流滞缓,且包气带岩性为粉土,土质疏松,地下水埋藏较浅,多在 2~10 m,降水入渗条件优越。在汝州、鲁山郏县北部及叶县南部的低山丘陵区、山前冲洪积倾斜平原及岗地,地形坡度较大,冲沟比较发育,地面坡降多在 1/300 以上,在大气降水时易形成地表径流,且地下水埋深多大于 10 m,对入渗补给不利。

　　2)灌溉回渗

　　灌溉回渗也是浅层地下水的主要补给来源之一,全市分布有大量井灌区,渠灌区主要有白龟山灌区,沙河、汝河灌区及其他中、小型水库灌区。灌区大部分地区包气带岩性为粉土,结构疏松,有利于灌溉水的回渗。

　　3)河流侧渗

　　汝河、沙河、澧河等河流入渗补给地下水,对岸边地下水有侧渗补给。

4)侧向径流

由地形地貌条件和浅层地下水等水位线(见图3-5)分析可知,由于西北、西部和东南部的地势相对较高,受地形控制,浅层地下水的径流补给主要来自西北、西部和东南方向。

图 3-5　平顶山市浅层地下水等水位线(2018 年 5 月)

2.径流条件

浅层地下水的径流随地形和岩性结构的不同而有差异,在河谷平原、山前冲洪积倾斜平原,地形坡降大,组成岩性颗粒粗,结构松散,导水性良好,径流条件好,径流总是向河床及其下游方向运移;而在平原区,地形平坦,水力坡度在 1‰~2‰,浅层含水层颗粒细,导水性能较差,径流条件亦较差,径流缓慢。在天然条件下,平原区浅层地下水总的径流方向为从西北向东南运移。在山前岗地,由于地势较高,其水位高于周边平原区水位,浅层地下水由岗地向周边平原区径流。

3.排泄条件

1)开采排泄

研究区除部分区域利用河水和水库水灌溉农田外,有相当数量的农田采用井灌,农灌井的密度约为 16 眼/km^2。同时,部分农村人畜生活用水、乡镇企业及工矿企业用水也在开采浅层地下水。因此,开采排泄成为浅层地下水的主要排泄途径。

2)蒸发排泄

蒸发量受地下水埋深、包气带岩性及气象条件控制,在浅层地下水埋深较浅区,一般为 2~4 m,以蒸发排泄为主,春、夏季垂直蒸发排泄量大,秋、冬季垂直蒸发排泄量相对较小。

3)地下径流排泄

研究区地势西北高、东南低,因此浅层地下水整体自西北向东南径流排泄。东部平原区地形平坦,水力坡度一般在 1/1 000 以下,地下水径流缓慢,水平径流排泄条件较差;河谷平原含水层岩性较粗,以中粗砂、卵砾石为主,水力坡度一般在 1/500 左右,径流条件好,地下水以水平径流排泄为主。

4)越流排泄

研究区浅层地下水埋深普遍高于中深层 1~3 m,因此浅层地下水越流补给中深层地下水。

5)河流侧渗排泄

研究区内汝河、沙河及其支流常年接受地下水的侧渗排泄补给,仅在郏县及叶县,由于浅层地下水开采漏斗的存在,部分河段侧渗补给地下水。

3.3.1.2　中深层地下水的补给、径流与排泄条件

1.补给条件

研究区中深层地下水在平原区不能直接得到大气降水的入渗补给,其补给来源主要为上游地下水的径流补给和浅层地下水的越流补给;在山前地带可以间接得到大气降水的入渗补给。

1)上游地下水径流补给

由地质地貌条件和中深层地下水等水位线(见图3-6)分析可知,研究区中深层地下水的侧向径流补给来自西北方向,西北方向为低山丘陵地形,而山前地带浅层地下水和中深层地下水水力联系密切。同时,山区基岩裂隙水也补给中深层地下水。

图3-6　平顶山市中深层地下水等水位线(2018年5月)

2)浅层地下水越流补给

研究区浅层地下水埋深普遍高于中深层1~3 m,由于存在水头差,浅层地下水可越流补给中深层地下水。

2.径流条件

天然条件下,中深层地下水自西北向东南径流,与地形坡降一致,水力坡度为1‰~2.4‰。山前含水层颗粒较粗,地下水径流条件较好;平原区含水层颗粒较细,地下水径流条件相对较差。

3.排泄条件

人工开采和侧向径流是中深层地下水的主要排泄方式。

1)开采排泄

研究区内有大量农村安全饮水井、企事业单位自备供水井、城镇集中供水水源井开采中深层地下水。

2)径流排泄

研究区中深层地下水整体自西北向东南径流排泄。

3.3.2　碳酸盐岩类裂隙岩溶水的补给、径流与排泄条件

3.3.2.1　补给条件

该类地下水主要接受大气降水补给、白龟山水库渗漏补给和北部、西北部基岩山区地下水径流补给及季节性河流渗漏补给。补给区分布在西部、西北部基岩裸露。在灰岩覆盖区,水位低于上部孔隙水,接受孔隙水的渗漏补给。

3.3.2.2　径流条件

地下水位在盆地外围高、内部低,径流方向由补给区西北流向东南,天然水力坡度在2‰左右。

3.3.2.3　排泄条件

矿井排水是该系统岩溶水的主要排泄点。近年来施工了一些农村安全饮水工程供水井开采岩溶水。

3.3.3　碎屑岩类孔隙裂隙水的补给、径流与排泄条件

3.3.3.1　补给条件

该类地下水主要接受大气降水的垂直入渗和上层松散岩类孔隙水的渗入补给。

3.3.3.2　径流条件

该类地下水径流条件差,含水层结构致密,裂隙不发育,地下水一般沿地层倾斜方向运动。

3.3.3.3　排泄条件

侧向径流排泄条件差,人工开采是其主要排泄方式。在沟谷切割深处,常以泉的形式排泄。

3.3.4　基岩裂隙水的补给、径流与排泄条件

3.3.4.1　补给条件

该类地下水主要接受大气降水补给。补给区分布在西北部基岩裸露区。在基岩覆盖区,水位低于上部孔隙水,接受孔隙水的渗漏补给。

3.3.4.2　径流条件

该类地下水的径流条件差,一般沿地层倾斜方向运动。

3.3.4.3　排泄条件

在基岩裸露区以泉的形式排泄。矿井疏干排水的一小部分来自顶板砂岩淋滴水。另外有小部分开采井。

3.4　各含水层之间的水力联系

3.4.1　浅层与中深层地下水之间的水力联系

在山前岗地和中东部平原,包括汝州—郏县汝河河谷平原、鲁山—叶县沙滠河冲积平原等区域,地下水含水层的岩性以砂、砂砾石为主,而隔水层主要以透镜体状分布,使得浅层地下水与中深层地下水之间的水力联系较为密切。根据本次地下水位调查成果,该区浅层地下水位高于中深层,二者之间的水头差一般为1~3 m,浅层地下水通过越流的方式补给中深层地下水(见图3-7),该水文地质剖面的平面位置见附图2。

3.4.2　松散层地下水与基岩裂隙水之间的水力联系

在郏县北部、汝州南部及市区西部的山前岗地,松散层厚度小于200 m,下部是基岩。由于基岩裂隙水较为贫乏,松散层孔隙水通过渗漏的方式补给基岩裂隙水(见图3-7)。

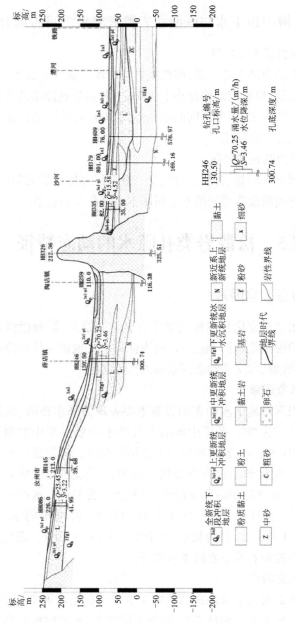

图3-7　汝州—叶县水文地质剖面图

3.4.3　松散层地下水与碳酸盐岩类岩溶水之间的水力联系

3.4.3.1　水力联系较好区

在宝丰县商酒务镇一带,碳酸盐岩类的埋藏条件为覆盖型,与松散层直接接触,松散层的厚度小于200 m。松散层孔隙水的水位高于碳酸盐岩类岩溶水,二者之间的水位差约100 m,松散层孔隙水通过渗漏的方式补给岩溶水。

3.4.3.2　水力联系较差区

在埋藏型碳酸盐岩类分布区,受二叠系巨厚层砂岩的阻隔,松散层孔隙水与碳酸盐岩类岩溶水之间基本不存在水力联系。

3.5　松散岩类孔隙水的动态特征

3.5.1　动态影响因素

地下水动态变化是多种因素综合影响的结果,影响松散岩类孔隙水动态的因素除地形、地貌、地层岩性和水文地质条件等静态因素外,主要为气象、水文等动态因素和人为因素等。

3.5.1.1　气象因素

气象因素对地下水动态的影响主要表现为降水补给、蒸发排泄对地下水位的影响。平顶山市的大气降水一般多集中在每年的7月、8月、9月3个月,其降水量约占全年的60%。蒸发量的年内分配主要受季节变化和温湿条件变化的影响,一年之中,夏季蒸发量最大,约占全年的34.90%;冬季最小,约占全年的12%。水面蒸发量以每年的4月、5月、6月、7月4个月为最大,占全年的36.68%~59.10%;以1月和12月为最小,占全年的5.40%~10%。正是上述气象变化特点控制着地下水的季节动态。

3.5.1.2　水文因素

水文因素对地下水动态的影响主要发生在沿河地带(河漫滩),在夏、秋季,河水水量明显增加,影响范围增大,河水位普遍高于地下水位,河水大量补给地下水,使地下水位明显升高;在冬、春季,河水水量明显减小,影响范围减小,河水位普遍低于地下水位,地下水向河道排泄,补给河水,地下水位下降。

3.5.1.3　人为因素

人为因素主要有人工开采地下水和农田灌溉。人工开采在时空分布上变化较大。在城镇生活和工业集中供水水源地常年开采地下水,持续高强度开采会在局部地段形成规模不等的地下水降落漏斗,引发生态地质环境问题;农业开采较分散,且为季节性开采,仅随降水量的大小及农作物生长期的需水量而变化。农田灌溉水回渗对地下水的影响主要集中在地表水灌区,大面积的灌溉会引起地下水位上升。

3.5.2　浅层地下水动态特征

3.5.2.1　动态变化类型

根据影响浅层地下水动态变化的主要控制因素,结合水文地质条件,确定其动态变化类型主要有气象-开采型、气象-径流-开采型、气象-水文型等。

1.气象-开采型

气象-开采型地下水主要接受降水入渗补给,消耗于人工开采。由于地下水埋藏较深,蒸发微弱,地下水位变化主要受降水和开采条件的控制。汛前,由于人工开采地下水,使地下水位下降;汛期,降水补给地下水,使地下水位上升;汛后,无开采时,地下水位基本保持稳定。该类型主要分布在郏县、汝州一带等集中开采区,人工开采为地下水的主要排泄方式。

2.气象-径流-开采型

气象-径流-开采型地下水以降雨入渗及径流排泄为主,消耗于人工开采。1~2月因接受地下水径流补给,地下水位上升,后因人工开采,地下水位下降,降水入渗后又使地下水位上升。该类型主要分布在山前岗地。

3.气象-水文型

气象-水文型地下水以水平运动为主。水位动态变化主要受降水、蒸发及河流水位涨落的影响。地下水位变幅一般为1.50~2.50 m,最低出现在每年6月前后,此时降水量小、蒸发量大。7~9月降水集中,河流水位上升,地下水位随之上升;10月以后,河流水位下降,地下水位随之下降。该类型主要分布在河流两侧的影响带。

3.5.2.2　水位多年动态变化

研究区内浅层地下水位多年变幅整体处于稳定状态。浅层地下水位持续下降区域主要分布在郏县县城东南部、鲁山县东部军王庄—东石羊一带、叶县西部—市区南部,分布面积140.89 km²,主要因为工业及农业井灌对浅层地下水的开采消耗量较大,但补给量不足,导致水位持续下降。现状年郏县水位持续下降区中心地下水埋深6.92 m,鲁山县水位持续下降区中心地下水埋深4.30 m,叶县—市区水位持续下降区中心地下水埋深9.93 m。与20世纪90年代的浅层地下水动态情况进行对比,水位持续下降区面积的扩展速率为6.72 km²/a,水位下降速率为0.26 m/a。根据本次调查成果,汝河河谷浅层地下水位年变幅维持在±0.28 m/a,整体处于稳定状态;沙澧河冲积平原浅层地下水位年变幅维持在±0.36 m/a。从整体来看,区内浅层地下水多年动态基本稳定。

3.5.3　中深层地下水动态特征

3.5.3.1　动态变化类型

中深层地下水动态仍受气象因素和人工开采控制。丰水期,浅层地下水位迅速上升,但中深层地下水的动态变化没有浅层地下水敏感,随季节变化较为迟缓,水位回升滞后。隔水层较薄或缺失部位,则与浅层地下水同步变化。在人为开采因素的影响下,开采量增大,水位下降。根据地下水动态长期观测资料,中深层地下水位在年内的动态变化类型主要为气象-径流型和开采型。

1.气象-径流型

气象-径流型中深层地下水主要分布在西部山前地带,开采量较小。上游地下水位主要受降水和径流的影响,汛期地下水位上升,但时间滞后;下游因补给路径长,接受降水补给量少,地下水位回升缓慢且升幅小。

2.开采型

开采型中深层地下水主要分布在地下水集中供水水源地及其周边区域,地下水动态变化主要受开采和径流因素的影响,因开采量较大,地下水位持续下降,与其他区域相比,地下水埋深较大,降水补给难度大,其补给主要来自侧向径流。

3.5.3.2　水位多年动态变化

中深层地下水埋藏深,补给条件差,主要依靠侧向径流补给,动态相对较为稳定,水位年变幅小于 1 m,有逐年下降趋势。《1:20 万区域水文地质普查报告》(平顶山幅) 显示,平顶山市境内曾有两个中深层地下水自流区,分别为郏县城北和鲁山县东南一带自流区,自流区内中深层地下水越流补给浅层地下水。通过本次调查,由于经济社会的持续发展,平顶山市对中深层地下水开采的强度逐步增大,区内的两个自流区已不存在。现状水平年,区内中深层地下水位整体呈下降趋势,根据本次调查成果,结合以往研究资料,综合分析研究区中深层地下水位年变幅为±0.63 m/a,整体处于稳定状态。

第4章 地下水资源量评价

本次评价,根据区域地质构造、地形地貌、含水层及包气带岩性等水文地质条件的差异,将全区地下水总体上划分为松散岩类孔隙地下水和基岩山区地下水两大类,并将松散岩类孔隙地下水进一步划分为浅层和中深层。根据地下水形成、赋存、运移等方面的差异,结合各自特点,分别选用不同的资源量评价方法进行评价,其中浅层地下水采用水量均衡法,中深层地下水采用弹性释水系数法,基岩山区地下水采用大气降水入渗系数法。按照浅层地下水、中深层地下水和基岩山区地下水的分布区域分别确定各自的资源量评价区域,分别划分一级计算单元和二级计算单元,分别选取并确定相关计算参数,分单元计算地下水资源量,求得总量。各县级行政单位的地下水资源量按其所占各地下水系统的面积比例进行计算。

本次地下水资源评价采用近年资料,除降水量选用1956～2017年长系列资料外,其他如地下水埋深、开采量、灌溉面积、灌溉用水量等均选用2017年资料。主要水文地质参数参考区域水文地质资料,并结合近期资料分析研究,或利用动态资料计算而综合确定。地下水天然资源包括补给资源和储存资源。

4.1 浅层地下水资源量评价

4.1.1 评价方法

浅层地下水资源量计算采用水量均衡模型,是利用评价区地下水动力平衡的基本原理,通过逐个分析并确定各均衡要素,进行水均衡计算和评价,预测其总的可能涌水量的一种方法。根据本区地下水的补给、径流与排泄条件,建立如下浅层地下水均衡方程:

$$Q_{补} - Q_{排} = \mu \cdot F \cdot \frac{\Delta H}{\Delta t} \tag{4-1}$$

式中　$Q_补$——浅层地下水总补给量，m^3/a；

$\quad\quad Q_排$——浅层地下水总排泄量，m^3/a；

$\quad\quad \mu$——给水度（无量纲）；

$\quad\quad F$——均衡区面积，m^2；

$\quad\quad \dfrac{\Delta H}{\Delta t}$——均衡时段内地下水位升降值，$m/a$。

评价区浅层地下水的补给来源主要有大气降水入渗补给、河流侧渗补给、侧向径流补给、农田灌溉回渗补给、水库侧渗补给、河渠渗漏补给等；排泄途径主要有工业及人畜生活用水、农田灌溉开采、潜水蒸发、侧向径流排泄、河流侧渗排泄、越流排泄等。

$$Q_补 = Q_降 + Q_{河渗} + Q_{径补} + Q_{回渗} + Q_{库渗} + Q_{渠渗} \tag{4-2}$$

$$Q_排 = Q_{开采} + Q_灌 + Q_蒸 + Q_{径排} + Q_{河排} + Q_{越排} \tag{4-3}$$

式中　$Q_补$——浅层地下水总补给量，万 m^3/a；

$\quad\quad Q_排$——浅层地下水总排泄量，万 m^3/a；

$\quad\quad Q_降$——大气降水入渗补给量，万 m^3/a；

$\quad\quad Q_{河渗}$——河流侧渗补给量，万 m^3/a；

$\quad\quad Q_{径补}$——侧向径流补给量，万 m^3/a；

$\quad\quad Q_{回渗}$——农田灌溉回渗补给量，万 m^3/a；

$\quad\quad Q_{库渗}$——水库侧渗补给量，万 m^3/a；

$\quad\quad Q_{渠渗}$——河渠渗漏补给量，万 m^3/a；

$\quad\quad Q_{开采}$——工业及人畜生活用水量，万 m^3/a；

$\quad\quad Q_灌$——农田灌溉开采量，万 m^3/a；

$\quad\quad Q_蒸$——潜水蒸发量，万 m^3/a；

$\quad\quad Q_{径排}$——侧向径流排泄量，万 m^3/a；

$\quad\quad Q_{河排}$——河流侧渗排泄量，万 m^3/a；

$\quad\quad Q_{越排}$——越流排泄量，万 m^3/a。

4.1.2　计算区划分

浅层地下水资源评价区的范围：基岩出露区以出露界线为界，为补给边界,河流为排泄边界;碳酸盐、碎屑岩分布区以碎屑岩界线为界,为补给边界,河流为排泄边界,总面积 4 242.14 km²。按照前述的地下水系统,先将评价区划分为 4 个大区,即Ⅰ区:汝河、沙河河谷及冲积平原强富水区,Ⅱ区:汝河二级阶地及澧河冲积平原中等富水区,Ⅲ区:汝河南部山前倾斜平原及市区南部冲积平原弱富水区,Ⅳ区:山前倾斜平原贫水区。根据地形地貌条件、包气带岩性、含水层岩性等,将Ⅰ区进一步划分为Ⅰ₁~Ⅰ₈等 8 个亚区,Ⅱ区进一步划分为Ⅱ₁~Ⅱ₈等 8 个亚区,Ⅲ区进一步划分为Ⅲ₁~Ⅲ₃等 3 个亚区,Ⅳ区进一步划分为Ⅳ₁~Ⅳ₆等 6 个亚区,共计 25 个亚区。各计算分区的分布情况见图 4-1,均衡分区说明见表 4-1。

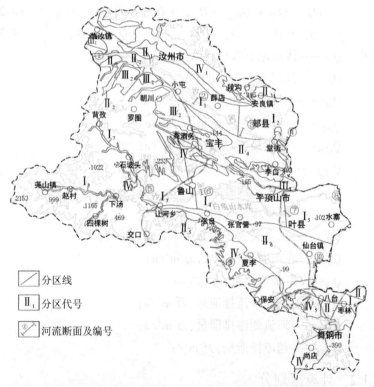

图 4-1　平顶山市浅层地下水资源评价范围及计算分区

表 4-1　平顶山市浅层地下水均衡分区说明

分区编号	面积/km²	包气带岩性	水位变动带		含水层平均厚度/m	埋深/m	降水入渗系数
			岩性	给水度 μ			
I₁	363.71	细砂、粉砂	粉砂	0.055	48	6~8	0.15
I₂	267.91	细砂、粉砂	粉砂	0.055	48	4~6	0.16
I₃	256.93	细砂、粉砂	粉砂	0.055	45	4~6	0.16
I₄	250.02	细砂、粉砂	粉砂	0.055	45	2~6	0.16
I₅	346.26	细砂、粉砂	粉砂	0.055	45	2~10	0.16
I₆	104.16	细砂、粉砂	粉砂	0.055	48	6~8	0.17
I₇	35.17	细砂、粉砂	粗砂	0.338	6	2~4	0.17
I₈	30.67	细砂、粉砂	粗砂	0.338	4	2~4	0.17
II₁	173.27	细砂、粉砂	粉砂	0.055	38	8~10	0.15
II₂	58.36	细砂、粗砂	粉土	0.338	35	8~10	0.15
II₃	61.82	细砂、粗砂	粉土	0.338	35	4~6	0.15
II₄	397.82	粉质黏土	粉土	0.040	40	4~6	0.15
II₅	3.84	粉土、粉质黏土	粉土	0.040	40	6~8	0.15
II₆	598.03	粉土、粉质黏土	粉土	0.040	38	4~6	0.08
II₇	90.64	粉土、粉质黏土	粉土	0.040	35	4~6	0.15
II₈	22.29	粉土、粉质黏土	粉土	0.040	35	4~6	0.15
III₁	19.41	粉质黏土	粉质黏土	0.045	20	8~10	0.08
III₂	234.57	粉质黏土	粉质黏土	0.045	25	8~10	0.08
III₃	114.49	粉质黏土	粉质黏土	0.045	20	8~10	0.08
IV₁	268.97	粉质黏土	粉质黏土	0.045	20	12~16	0.08
IV₂	57.89	粉质黏土	粉质黏土	0.045	15	12~14	0.08
IV₃	10.03	粉质黏土	粉质黏土	0.045	20	12~16	0.08
IV₄	281.54	粉质黏土	粉质黏土	0.045	20	12~16	0.08
IV₅	72.23	粉质黏土	粉质黏土	0.045	20	12~14	0.08
IV₆	122.11	粉质黏土	粉质黏土	0.045	25	12~16	0.08

4.1.3　计算参数的选取

参与浅层地下水资源量计算的水文地质参数主要有大气降水入渗补给系数(α)、渗透系数(K)、给水度(μ)、灌溉入渗补给系数(β)、潜水蒸发系数(c)等。由于区内以往水文地质工作研究程度较高，1:20万水文地质普查、河南省地下水资源评价、淮河流域河南段环境地质调查等基础性调查评价工作均投入了大量调查、钻探、测试、试验和综合研究工作，获取了较为准确的水文地质参数，因此本次浅层地下水资源量计算除新补充的资料外，所选参数均引自前人研究成果。

4.1.3.1　给水度(μ)

给水度是指饱和岩土在重力作用下自由排出水的体积($V_水$)与该饱和岩土体积(V)的比值。它是浅层地下水资源评价中的重要参数，通常用μ表示，其大小主要与岩性、结构等因素有关。根据《1:20万区域水文地质普查报告》(临汝幅、许昌幅、平顶山幅、鲁山幅、泌阳幅)及《平顶山市水资源调查评价报告》等研究成果，综合确定浅层地下水位变动带各松散层的给水度，见表4-2。

表4-2　平顶山市浅层地下水位变动带各松散层给水度取值

岩性	粉砂	粉砂、粉细砂	粉土	粉质黏土	粗砂
给水度(μ)	0.055	0.045	0.035	0.040	0.338

4.1.3.2　大气降水入渗补给系数(α)

大气降水入渗补给系数是指降水入渗补给量P_r与相应降水量P的比值。平顶山市多年平均降水量806.52 mm。根据《1:20万区域水文地质普查报告》(临汝幅、许昌幅、平顶山幅、鲁山幅、泌阳幅)及《平顶山市水资源调查评价报告》等研究成果，综合考虑地表岩性、各时段降水及地下水埋藏条件等，确定不同地表岩性、不同地下水埋深的大气降水入渗补给系数取值，见表4-3。

表 4-3　平顶山市浅层地下水各计算分区大气降水入渗补给系数取值

分区编号	I_1	I_2	I_3	I_4	I_5	I_6	I_7	I_8
岩性	粉砂	粉砂	粉砂	粉砂	粉砂	粉砂	粗砂	粗砂
地下水埋深/m	6~8	4~6	4~6	2~6	2~10	6~8	6	4
大气降水入渗补给系数	0.15	0.16	0.16	0.16	0.16	0.17	0.17	0.17
分区编号	II_1	II_2	II_3	II_4	II_5	II_6	II_7	II_8
岩性	粉砂	粉土	粉土	粉土	粉土	粉土	粉土	粉土
地下水埋深/m	8~10	8~10	4~6	4~6	6~8	4~6	4~6	4~6
大气降水入渗补给系数	0.15	0.15	0.15	0.15	0.15	0.08	0.08	0.08
分区编号	III_1	III_2	III_3					
岩性	粉质黏土	粉质黏土	粉质黏土					
地下水埋深/m	8~10	8~10	8~10					
大气降水入渗补给系数	0.08	0.08	0.08					
分区编号	IV_1	IV_2	IV_3	IV_4	IV_5	IV_6		
岩性	粉质黏土	粉质黏土	粉质黏土	粉质黏土	粉质黏土	粉质黏土		
地下水埋深/m	12~16	12~14	12~16	12~16	12~14	12~16		
大气降水入渗补给系数	0.08	0.08	0.08	0.08	0.08	0.08		

4.1.3.3　灌溉入渗补给系数(β)

灌溉入渗补给系数是指田间灌溉入渗补给量与进入田间的水量(渠灌时,为进入斗渠的水量;井灌时,为实际开采量)的比值。根据平顶山市实际情况,参考河南省灌溉入渗试验数据及邻近省份试验成果,综合确定平顶山市井灌入渗补给系数一般平原区为0.10,山前平原区为0.05;地表水渠灌入渗补给系数一般平原区为0.15,山前平原区为0.05。

4.1.3.4　潜水蒸发系数(c)

潜水蒸发系数是指计算时段内潜水蒸发量E与相应时段水面蒸发量E_0的比值。潜水蒸发量主要受水面蒸发量、包气带岩性、地下水埋深、植被状况等的影响。分别利用地下水动态资料,通过潜水蒸发经验公式,分析计算不同岩性、有无作物情况下的c值,经验公式为

$$E = k \cdot E_0 \left(1 - \frac{Z}{Z_0}\right)^n \tag{4-4}$$

式中　E、E_0——潜水蒸发量和水面蒸发量,mm;

　　　k——修正系数(无量纲),无作物的取0.9~1.0,有作物的取1.0~1.3;

　　　Z——潜水埋深,m;

　　　Z_0——极限埋深,m;

　　　n——经验指数(无量纲),一般为1.0~3.0。

粉砂蒸发极限深度为3 m;粉土、粉质黏土蒸发极限深度为4 m。根据浅层地下水埋深及各区包气带岩性,确定潜水蒸发系数,详见表4-4。

4.1.3.5　渗透系数(k)

渗透系数为水力坡度等于1时的渗透速度。影响因素主要为含水层岩性及其结构特征。根据本次抽水试验计算结果,求得k值;同时,参考引用《1:20万区域水文地质普查报告》(临汝幅、许昌幅、平顶山幅、鲁山幅、泌阳幅)和《平顶山市水资源调查评价报告》中确定的k值,见表4-5;综合确定本区浅层地下水含水层的渗透系数,见表4-6。

表 4-4 潜水蒸发系数取值

岩性	作物	不同埋深/m 的潜水蒸发系数							
		0.5 m	1.0 m	1.5 m	2.0 m	2.5 m	3.0 m	3.5 m	4.0 m
黏性土	无	0.10~0.35	0.05~0.20	0.02~0.09	0.01~0.05	0.01~0.03	0.01~0.02	0.01~0.015	0.01
	有	0.35~0.65	0.20~0.35	0.09~0.18	0.05~0.11	0.03~0.05	0.02~0.04	0.015~0.03	0.01~0.03
砂性土	无	0.40~0.50	0.20~0.40	0.10~0.20	0.03~0.15	0.03~0.10	0.02~0.05	0.01~0.03	0.01~0.03
	有	0.50~0.70	0.40~0.55	0.20~0.40	0.15~0.30	0.10~0.20	0.05~0.10	0.03~0.07	0.01~0.03

表 4-5　浅层地下水含水层渗透系数取值对比

数据来源	含水层岩性	渗透系数/（m/d）	试验方法
JXQ1-4（本次实测）	细中砂、粉细砂	19.40	非稳定流
JXQ1-12（本次实测）	粉细砂	6.90	稳定流
BFQ1-11（本次实测）	细中砂、粉细砂	10.33	稳定流
LSQ1-3（本次实测）	细中砂、粉细砂	14.10	稳定流
YXQ2-1（本次实测）	粉细砂	14.33	非稳定流
YXQ1-1（本次实测）	粉细砂	4.35	稳定流
《平顶山市水资源调查评价报告》	细中砂、粉细砂	6.60~13.40	稳定流
	粉土	0.80~3.20	稳定流
	细中砂、粉细砂	10.50~23.40	稳定流
	细中砂	8.81~25.48	稳定流
《1:20万区域水文地质普查报告》（临汝幅、许昌幅、平顶山幅、鲁山幅、泌阳幅）	细中砂	6.35~18.18	稳定流
	粉土	1.10~3.60	稳定流
	粉质黏土	0.40~1.40	非稳定流
	中砂	22.54	干扰
	中砂	22.70~28.40	干扰
	中砂	22.90	非稳定流
	中细砂	9.80~15.50	非稳定流
	中细砂	12.86	非稳定流

表 4-6　浅层地下水含水层渗透系数取值

分区编号	I_1	I_2	I_3	I_4	I_5	I_6	I_7	I_8
渗透系数/（m/d）	20	20	18.13	18.13	18.13	13.40	8.50	5.60
分区编号	II_1	II_2	II_3	II_4	II_5	II_6	II_7	II_8
渗透系数/（m/d）	13.40	13.40	14.20	10	10	14.60	15	10
分区编号	III_1	III_2	III_3					
渗透系数/（m/d）	6.20	4.60	3.70					
分区编号	IV_1	IV_2	IV_3	IV_4	IV_5	IV_6		
渗透系数/（m/d）	0.80	0.80	1.20	1.10	1.20	1.20		

4.1.4　浅层地下水资源量均衡计算

4.1.4.1　补给量计算

1.大气降水入渗补给量($Q_{降}$)

$$Q_{降} = 0.1 \cdot \alpha \cdot F \cdot P \qquad (4-5)$$

式中　α——大气降水入渗补给系数(无量纲);

　　　F——计算区面积,km^2。

　　　P——年大气降水量,mm/a。

根据1956~2017年的连续性降水量资料,求得多年平均的降水量,并选取典型年(如丰水年、平水年、枯水年)的降水量,见表4-7。

表4-7　不同年份降水量取值

典型年	丰水年	平水年	枯水年	多年平均
保证率/%	20	50	75	多年平均
降水量/(mm/a)	906.80	776.80	581.60	806.52

依据式(4-5),计算各均衡区大气降水入渗补给量,结果见表4-8。

2.河流侧渗补给量($Q_{河渗}$)

汝河仅在城区集中开采区侧渗补给地下水;沙河自鲁山县东部至叶县西部开采漏斗区侧渗补给地下水。利用达西公式计算河流的侧渗补给量,结果见表4-9。

$$Q_{河渗} = K \cdot M \cdot I \cdot L \cdot t \qquad (4-6)$$

式中　K——计算断面平均渗透系数,m/d;

　　　M——平均含水层厚度,m;

　　　I——平均水力坡度(无量纲);

　　　L——计算断面长度,m;

　　　t——时间,d。

表4-8 大气降水入渗补给量计算结果

分区编号	面积/km²	α	丰水年 P=20%		平水年 P=50%		枯水年 P=75%		多年平均	
			P/mm	Q降/(万m³/a)	P/mm	Q降/(万m³/a)	P/mm	Q降/(万m³/a)	P/mm	Q降/(万m³/a)
I₁	363.71	0.15	906.80	3 957.75	776.80	3 051.32	581.60	2 538.40	806.52	3 520.07
I₂	267.91	0.16	906.80	3 109.67	776.80	2 397.48	581.60	1 994.47	806.52	2 765.78
I₃	256.93	0.16	906.80	2 982.20	776.80	2 299.20	581.60	1 912.71	806.52	2 652.41
I₄	250.02	0.16	906.80	2 901.99	776.80	2 237.36	581.60	1 861.27	806.52	2 581.07
I₅	346.26	0.16	906.80	4 019.08	776.80	3 098.61	581.60	2 577.74	806.52	3 574.63
I₆	104.16	0.17	906.80	1 284.49	776.80	990.31	581.60	823.84	806.52	1 142.44
I₇	35.17	0.17	906.80	433.76	776.80	334.42	581.60	278.21	806.52	385.80
I₈	30.67	0.17	906.80	378.21	776.80	291.59	581.60	242.57	806.52	336.38
II₁	173.27	0.15	906.80	1 885.40	776.80	1 453.60	581.60	1 209.25	806.52	1 676.90
II₂	58.36	0.15	906.80	635.02	776.80	489.59	581.60	407.29	806.52	564.80
II₃	61.82	0.15	906.80	672.65	776.80	518.59	581.60	431.42	806.52	598.26
II₄	397.82	0.15	906.80	4 328.86	776.80	3 337.45	581.60	2 776.43	806.52	3 850.15
II₅	3.84	0.15	906.80	41.73	776.80	32.17	581.60	26.77	806.52	37.12

续表 4-8

分区编号	面积/km²	α	丰水年 P=20%		平水年 P=50%		枯水年 P=75%		多年平均	
			P/mm	$Q_{降}$/(万 m³/a)	P/mm	$Q_{降}$/(万 m³/a)	P/mm	$Q_{降}$/(万 m³/a)	P/mm	$Q_{降}$/(万 m³/a)
II_6	598.03	0.08	906.80	3 470.65	776.80	2 675.78	581.60	2 225.99	806.52	3 086.84
II_7	90.64	0.15	906.80	986.28	776.80	760.40	581.60	632.58	806.52	877.21
II_8	22.29	0.15	906.80	242.52	776.80	186.98	581.60	155.55	806.52	215.70
III_1	19.41	0.08	906.80	112.63	776.80	86.84	581.60	72.24	806.52	100.18
III_2	234.57	0.08	906.80	1 361.32	776.80	1 049.54	581.60	873.12	806.52	1 210.77
III_3	114.49	0.08	906.80	664.43	776.80	512.26	581.60	426.15	806.52	590.95
IV_1	268.97	0.08	906.80	1 560.97	776.80	1 203.47	581.60	1 001.17	806.52	1 388.35
IV_2	57.89	0.08	906.80	335.95	776.80	259.01	581.60	215.47	806.52	298.80
IV_3	10.03	0.08	906.80	58.22	776.80	44.89	581.60	37.34	806.52	51.79
IV_4	281.54	0.08	906.80	1 633.91	776.80	1 259.70	581.60	1 047.95	806.52	1 453.22
IV_5	72.23	0.08	906.80	419.16	776.80	323.16	581.60	268.84	806.52	372.81
IV_6	122.11	0.08	906.80	708.67	776.80	546.37	581.60	454.52	806.52	630.30
合计	4 242.14			38 185.52		29 440.09		24 491.29		33 962.73

表 4-9　河流侧渗补给量计算结果

计算断面	分区编号	平均渗透系数/(m/d)	平均含水层厚度/m	平均水力坡度	计算断面长度/m	侧渗补给量/(万 m³/a)	说明
②—③	I_2	18.13	45	0.002 115 656	21 270	1 340.03	汝河补给断面
⑥—⑦	I_4	13.40	46	0.000 967 961	10 331	224.99	沙河补给断面
	I_5	10	50	0.001 342 402	11 174	273.75	沙河补给断面
合计						1 838.77	

3.侧向径流补给量($Q_{径补}$)

$$Q_{径补} = K \cdot M \cdot I \cdot B \cdot t \qquad (4\text{-}7)$$

式中　K——渗透系数,m/d;

　　　M——含水层厚度,m;

　　　I——水力坡度(无量纲);

　　　B——计算断面长度,m;

　　　t——时间,d。

根据 2018 年 5 月的浅层地下水等水位线图计算水力坡度,全区及各分区以分区边界作为断面,按照式(4-7)计算浅层地下水侧向径流补给量,结果见表 4-10。

表 4-10　浅层地下水侧向径流补给量计算结果

分区编号	平均渗透系数/(m/d)	平均含水层厚度/m	水力坡度	计算断面长度/m	侧向径流补给量/(万 m³/a)(外)	侧向径流补给量/(万 m³/a)(内)	合计侧向径流补给量/(万 m³/a)
I_1	20	48	0.000 57	17 214	342.93	145.05	342.93
I_2	20	48	0.002 08	58 458	0	4 267.43	0
I_3	18.13	45	0.000 79	13 401	314.29	0	314.29
I_4	18.13	45	0.000 39	15 502	0	178.18	0
I_5	18.13	45	0.000 70	16 325	0	0	0
I_6	13.4	48	0.001 03	20 469	0	386.74	0
I_7	8.50	6	0.000 40	2 254	1.69	0	1.69

续表 4-10

分区编号	平均渗透系数/(m/d)	平均含水层厚度/m	水力坡度	计算断面长度/m	侧向径流补给量/(万 m³/a)(外)	侧向径流补给量/(万 m³/a)(内)	合计侧向径流补给量/(万 m³/a)
I₈	5.60	4	0.000 24	31 177	6.02	0	6.02
II₁	13.4	38	0.000 32	49 659	0	293.93	0
II₂	13.4	35	0.000 61	3 817	39.60	2.28	39.60
II₃	14.20	35	0.000 28	7 088	35.70	0.52	35.70
II₄	10	40	0.002 91	20 247	0	448.69	0
II₅	10	40	0.000 15	1 137	2.41	56.81	2.41
II₆	14.60	38	0.001 99	27 315	0	995.90	0
II₇	15	35	0.001 25	11 249	268.64	199.74	268.64
II₈	10	35	0.010 47	2 865	0	383.25	0
III₁	6.20	20	0.000 69	3 452	10.82	57.47	10.82
III₂	4.60	25	0.000 90	53 998	203.24	67.70	203.24
III₃	3.70	20	0.003 58	25 546	246.96	166.20	246.96
IV₁	0.80	20	0.014 92	76 273	46.72	664.70	46.72
IV₂	0.80	15	0.001 19	3 035	1.59	6.57	1.59
IV₃	1.20	20	0.005 23	4 162	19.06	13.14	19.06
IV₄	1.10	20	0.002 07	49 571	82.35	14.45	82.35
IV₅	1.20	20	0.002 34	12 916	26.50	8.76	26.50
IV₆	1.20	25	0.000 59	9 027	5.83	10.95	5.83
合计					1 654.35	8 368.46	1 654.35

注：合计值为扣除重复计算数值。

4.农田灌溉回渗补给量($Q_{回渗}$)

$$Q_{回渗} = q \cdot \beta \cdot F \tag{4-8}$$

式中　q——灌溉定额，m³/(亩❶·a)；

　　　β——灌溉入渗补给系数；

　　　F——灌溉面积，万亩。

---

❶　1 亩 = 1/15 hm²，下同。

根据河南省地方标准《农业用水定额》(DB41/T 958—2014),结合平顶山市实际,分别确定在多年平均和典型年(丰水年、平水年和枯水年)条件下井灌和渠灌的用水定额,见表4-11。

表4-11 年灌溉用水定额

灌溉方式	井灌用水量/(m³/亩)	渠灌用水量/(m³/亩)
丰水年	100	300
平水年	300	600
枯水年	400	700
多年平均	200	400

根据《河南省统计年鉴》、《平顶山市水资源公报》和《平顶山市国民经济和社会发展统计公报》(2016年、2017年),确定研究区农田有效灌溉面积为158.86万亩,其中井灌面积134.42万亩,占总灌溉面积的84.62%,渠灌面积24.44万亩,占总灌溉面积的15.38%。结合各计算分区实际,分别计算出各分区井灌和渠灌的面积。按照式(4-8)计算浅层地下水的农田灌溉回渗补给量,结果见表4-12。

表4-12 农田灌溉回渗补给量计算结果

分区编号	灌溉类型	多年平均灌溉回渗量/(万 m³/a)	丰水年灌溉回渗量/(万 m³/a)	平水年灌溉回渗量/(万 m³/a)	枯水年灌溉回渗量/(万 m³/a)
I_1	渠灌	653.90	490.43	980.85	1 144.33
	井灌	117.86	58.93	176.79	235.71
I_2	渠灌	365.96	274.47	548.93	640.42
	井灌	301.52	150.76	452.28	603.04
I_3	渠灌	184.10	138.07	276.14	322.17
	井灌	252.21	126.11	378.32	504.43
I_4	渠灌	175	131.25	262.50	306.25
	井灌	542.71	271.35	814.06	1 085.42

续表 4-12

分区编号	灌溉类型	多年平均灌溉回渗量/（万 m³/a）	丰水年灌溉回渗量/（万 m³/a）	平水年灌溉回渗量/（万 m³/a）	枯水年灌溉回渗量/（万 m³/a）
I₅	渠灌	88	66	132	154
	井灌	237.99	119	356.99	475.99
I₆	井灌	183.97	91.99	275.96	367.95
I₇	井灌	0	0	0	0
I₈	井灌	0	0	0	0
II₁	井灌	219.01	109.51	328.52	438.03
II₂	井灌	45.74	22.87	68.61	91.48
II₃	井灌	15.41	7.70	23.11	30.81
II₄	井灌	16.32	8.16	24.48	32.64
II₅	井灌	105.02	52.51	157.53	210.05
II₆	井灌	1.01	0.51	1.52	2.02
II₇	井灌	157.88	78.94	236.82	315.76
II₈	井灌	23.93	11.96	35.89	47.86
III₁	井灌	2.94	1.47	4.41	5.88
III₂	井灌	2.56	1.28	3.84	5.12
III₃	井灌	30.96	15.48	46.44	61.93
IV₁	井灌	15.11	7.56	22.67	30.22
IV₂	井灌	35.50	17.75	53.26	71.01
IV₃	井灌	7.64	3.82	11.46	15.28
IV₄	井灌	1.32	0.66	1.99	2.65
IV₅	井灌	37.16	18.58	55.74	74.33
IV₆	井灌	9.53	4.77	14.30	19.07
合计		3 830.26	2 281.89	5 745.41	7 293.85

5.水库侧渗补给量($Q_{库渗}$)

$$Q_{库渗} = Q_{库} \cdot \beta \qquad (4\text{-}9)$$

式中　$Q_{库}$——水库蓄水容量,万 m^3/a;

　　　　β——水库渗漏系数(无量纲)。

计算区内的主要水库为昭平台水库、白龟山水库、燕山水库和石漫滩水库,水库侧渗系数参照《河南平原地下水资源潜力调查与可更新能力评价报告》取值为 0.01,水库侧渗补给量计算结果见表 4-13。

表 4-13　水库侧渗补给量计算结果

分区编号	水库名称	库容/(万 m^3/a)	水库渗漏系数	侧渗补给量/(万 m^3/a)
Ⅲ$_1$	涧山口水库	820	0.01	8.20
Ⅲ$_2$	滕口水库	334	0	0
Ⅰ$_3$	昭平台水库	71 300	0.01	713
Ⅰ$_5$	白龟山水库	64 900	0.01	649
Ⅱ$_4$	燕山水库	92 500	0.01	925
Ⅱ$_5$	石漫滩水库	12 000	0.01	120
合计				2 415.20

6.河渠渗漏补给量($Q_{渠渗}$)

$$Q_{渠渗} = K_z(Ah + B)Lt \qquad (4\text{-}10)$$

式中　K_z——河渠底部土层垂直渗透系数,m/d,河道取 0.031,渠道取 0.05;

　　　　A——两侧渗漏系数(无量纲),天然河道取 2,人工渠道取 0.20;

　　　　h——河渠水深度,m;

　　　　B——河渠水面宽度,m;

　　　　L——河渠长度,m;

　　　　t——全年放水天数,d。

选取研究区主要河渠进行河渠渗漏补给量计算,结果见表 4-14。

表 4-14　河渠渗漏补给量计算结果

分区编号	河渠名称	河渠底部土层垂直渗透系数/（m/d）	两侧渗漏系数	河渠水深/m	河渠水面宽度/m	河渠长度/m	放水天数/d	河渠渗漏补给量/（万 m³/a）
I₁	黄涧河	0.031	2	0.50	2	6 970	365	23.66
	倒流河	0.031	2	0.70	2.20	10 314	365	42.01
I₂	运粮河	0.031	2	0.60	2.40	9 488	365	38.65
	兰河	0.031	2	0.60	1.80	13 259	365	45.01
	昭平台北干渠	0.05	0.20	0.80	2.50	22 310	120	35.61
I₃	昭平台南干渠	0.05	0.20	0.80	2.50	21 075	120	33.64
	白河	0.031	2	1.50	4.20	12 627	365	102.87
	澎河	0.031	2	0.70	5.10	11 053	365	81.29
	泥河	0.031	2	1.20	5.60	15 357	365	139.01
I₄	灰河	0.031	2	1.40	3.60	8 187	365	59.29
	白龟山南干渠	0.05	0.20	0.80	2.50	13 655	120	21.79
I₅	白龟山南干渠	0.05	0.20	0.80	2.50	25 533	120	40.75
I₆	八里河	0.031	2	1.50	4	9 904	365	78.44

续表 4-14

分区编号	河渠名称	河渠底部土层垂直渗透系数/(m/d)	两侧渗漏系数	河渠水深度/m	河渠水面宽度/m	河渠长度/m	放水天数/d	河渠渗漏补给量/(万 m³/a)
II₁	牛家河	0.031	2	1.20	5.50	11 052	365	98.79
	陆浑干渠	0.05	0.20	0.80	2.50	6 639	120	10.60
II₂	兰河	0.031	2	0.60	1.80	5 710	365	19.38
II₃	净肠河	0.031	2	1.20	2.40	23 260	365	126.33
	灰河	0.031	2	1.40	3.60	43 660	365	316.17
II₄	三里河	0.031	2	1.20	2.80	13 049	365	76.78
	泥河	0.031	2	1.20	5.60	5 454	365	49.37
II₅	八里河	0.031	2	1.50	4	12 695	365	100.55
	陆浑干渠	0.05	0.20	0.80	2.50	28 137	120	44.91
IV₁	黄涧河	0.031	2	0.50	2	7 058	365	23.96
	青龙河	0.031	2	0.80	4	10 425	365	66.06
合计								1 674.90

4.1.4.2 排泄量计算

1.工业及人畜生活用水量($Q_{开采}$)

工业用水量根据平顶山市水资源公报中的相关统计资料计算,人畜生活用水量按每人每天用水定额乘以常住人口数量求得。各计算单元的工业用水量及常住人口数量按照各计算单元实际面积占地市总面积的比例由全市的总量进行分配,结果见表4-15。

表 4-15　工业及人畜生活用水量计算结果　单位:万 m³/a

分区编号	工业用水量	人畜生活用水量	合计用水量
I_1	163.67	247.32	410.99
I_2	84.93	108.77	193.70
I_3	81.45	104.31	185.76
I_4	79.26	101.51	180.77
I_5	109.77	103.88	213.65
I_6	33.02	42.29	75.31
I_7	11.15	14.28	25.43
I_8	9.72	12.45	22.17
II_1	54.93	70.35	125.28
II_2	18.50	28.01	46.51
II_3	19.60	46.36	65.96
II_4	126.11	161.51	287.62
II_5	1.22	1.56	2.78
II_6	189.57	242.80	432.37
II_7	28.73	36.80	65.53

续表 4-15

分区编号	工业用水量	人畜生活用水量	合计用水量
II$_8$	7.07	9.05	16.12
III$_1$	6.15	7.88	14.03
III$_2$	74.36	95.23	169.59
III$_3$	36.29	46.48	82.77
IV$_1$	112.97	131.80	244.77
IV$_2$	18.35	23.50	41.85
IV$_3$	3.18	4.07	7.25
IV$_4$	253.38	197.08	450.46
IV$_5$	22.90	29.32	52.22
IV$_6$	38.71	49.58	88.29
合计	1 584.99	1 916.19	3 501.18

2.农田灌溉开采量($Q_灌$)

根据《平顶山市水资源公报》农田灌溉量,按照区内有效灌溉面积计算出各均衡区农田灌溉开采量,结果见表 4-16。

表 4-16　农田灌溉开采量计算结果　　　　单位:万 m^3/a

分区编号	灌溉类型	丰水年灌溉开采量	平水年灌溉开采量	枯水年灌溉开采量	多年平均灌溉开采量
I$_1$	井灌	319.29	957.86	1 277.15	638.57
I$_2$	井灌	1 597.59	4 792.77	6 390.36	3 195.18
I$_3$	井灌	1 261.06	3 783.19	5 044.26	2 522.13
I$_4$	井灌	1 213.54	3 640.62	4 854.16	2 427.08
I$_5$	井灌	2 389.97	7 169.90	9 559.87	4 779.93

续表 4-16

分区编号	灌溉类型	丰水年灌溉开采量	平水年灌溉开采量	枯水年灌溉开采量	多年平均灌溉开采量
I$_6$	井灌	619.87	1 859.61	2 479.49	1 239.74
I$_7$	井灌	0	0	0	0
I$_8$	井灌	0	0	0	0
II$_1$	井灌	930.07	2 790.20	3 720.27	1 860.14
II$_2$	井灌	228.71	686.13	914.84	457.42
II$_3$	井灌	119.03	357.10	476.13	238.06
II$_4$	井灌	2 346.60	7 039.79	9 386.39	4 693.20
II$_5$	井灌	180.12	540.35	720.46	360.23
II$_6$	井灌	890.06	2 670.19	3 560.25	1 780.13
II$_7$	井灌	639.39	1 918.18	2 557.57	1 278.79
II$_8$	井灌	61.14	183.42	244.57	122.28
III$_1$	井灌	29.42	88.26	117.68	58.84
III$_2$	井灌	285.12	855.35	1 140.47	570.24
III$_3$	井灌	429.63	1 288.89	1 718.52	859.26
IV$_1$	井灌	436.12	1 308.37	1 744.50	872.25
IV$_2$	井灌	160.04	480.12	640.16	320.08
IV$_3$	井灌	31.41	94.23	125.65	62.82
IV$_4$	井灌	13.24	39.73	52.97	26.49
IV$_5$	井灌	191.63	574.89	766.52	383.26
IV$_6$	井灌	281.34	844.01	1 125.35	562.67
合计		14 654.39	43 963.16	58 617.59	29 308.79

3.潜水蒸发量($Q_蒸$)

区内不同区域、不同时段浅层地下水埋深变化较大,地下水蒸发强度及蒸发区域也随之变化,根据各区的月平均水位和水面蒸发强度,计算年平均蒸发强度。

$$Q_蒸 = \varepsilon \cdot F \tag{4-11}$$

式中　ε——年平均蒸发强度,m/a;

　　　F——蒸发面积,万 m^2。

根据本次实测浅层地下水等水位线图及包气带岩性分区图,圈出地下水埋深小于 2 m 及埋深为 2~4 m 的区域,依照式(4-11)进行潜水蒸发量计算,结果见表4-17。

表4-17　潜水蒸发量计算结果　　　单位:万 m^3/a

分区编号	埋深<2 m 的区域	埋深为 2~4 m 的区域	合计
I_1	0	0	0
I_2	0	272.41	272.41
I_3	0	456.65	456.65
I_4	0	821.57	821.57
I_5	0	330.38	330.38
I_6	0	37.15	37.15
I_7	0	29.40	29.40
I_8	0	71.70	71.70
II_1	0	0	0
II_2	0	0	0
II_3	0	0	0
II_4	79.54	318.16	397.70
II_5	0	0	0
II_6	0	1 002.38	1 002.38
II_7	0	0	0

续表 4-17

分区编号	埋深<2 m 的区域	埋深为 2~4 m 的区域	合计
II $_8$	0	0	0
III $_1$	0	0	0
III $_2$	0	260.37	260.37
III $_3$	0	0	0
IV $_1$	0	0	0
IV $_2$	0	0	0
IV $_3$	0	0	0
IV $_4$	0	0	0
IV $_5$	0	0	0
IV $_6$	0	0	0
合计	79.54	3 600.17	3 679.71

4.侧向径流排泄量($Q_{径排}$)

浅层地下水侧向径流排泄量的计算方法同侧向径流补给量,结果见表 4-18。

表 4-18　浅层地下水侧向径流排泄量计算结果

分区编号	平均渗透系数/(m/d)	平均含水层厚度/m	水力坡度	计算断面长度/m	侧向径流排泄量/(万 m³/a)
I $_2$	20	48	0.002 08	58 458	390.99
I $_5$	18.13	45	0.000 70	16 325	431.01
II $_8$	10	35	0.010 47	2 865	108.75
合计					930.75

5.河流侧渗排泄量($Q_{河排}$)

浅层地下水河流侧渗排泄量的计算方法同河流侧渗补给量,结果见表4-19。

表4-19　浅层地下水河流侧渗排泄量计算结果

计算断面	分区编号	平均渗透系数/(m/d)	平均含水层厚度/m	平均水力坡度	计算断面长度/m	侧渗排泄量/(万 m³/a)	说明
①—②	I₁	13.20	50	0.002 848 191	14 044	963.60	汝河排泄断面
		20	48	0.001 924 386	33 777	2 277.60	汝河排泄断面
③—④	I₂	19.56	45	0.000 308 475	12 967	128.51	汝河排泄断面
⑤—⑥	I₃	15	48	0.001 918 988	19 281	972.36	沙河排泄断面
⑧—⑨	I₅	10	50	0.000 212 891	18 789	73	沙河排泄断面
⑨—⑩	IV₄	13.40	46	0.003 324 349	11 130	832.45	澧河排泄断面
	II₄	10	50	0.000 895 616	22 331	365	澧河排泄断面
合计						5 612.52	

6.越流排泄量($Q_{越排}$)

区内浅层地下水与中深层地下水之间虽有较厚的隔水层,但因区内开采中深层地下水,浅层地下水通过弱透水层及局部"天窗"越流补给中深层地下水。

$$Q_{越排} = \frac{K_z}{m} \times \Delta H \times F \times 365 \qquad (4\text{-}12)$$

式中　K_z——浅层地下水与中深层地下水之间弱透水层垂直渗透系数,m/d;

　　　m——弱透水层厚度,m;

　　　ΔH——浅层地下水与中深层地下水之间的水头差,m;

　　　F——越流区面积,m²。

根据2018年5月实测的浅层地下水与中深层地下水之间的平均水位差,按照式(4-12)计算浅层地下水的越流排泄量,结果见表4-20。

表 4-20　浅层地下水越流排泄量计算结果

分区编号	面积/m²	弱透水层厚度/m	水位差/m	弱透水层渗透系数/(m/d)	越流排泄量/(万 m³/a)
I₁	198 625 430	51.70	10	0.023	88.36
I₂	267 912 500	45.20	10	0.091	539.38
I₃	256 930 000	60.30	10	0.025	106.52
I₄	180 020 000	43.60	10	0.055	227.09
I₅	0	42.50	5	0.043	0
I₆	0	50.70	10	0.082	0
I₇	0	0	0	0	0
I₈	0	0	0	0	0
II₁	173 265 000	35.80	10	0.032	154.87
II₂	58 357 500	70.60	12	0.009	8.93
II₃	61 815 000	80.50	10	0.016	12.29
II₄	397 815 000	67.40	11	0.013	84.40
II₅	3 835 000	66.30	10	0.026	1.50
II₆	598 025 000	50.20	9	0.016	171.55
II₇	90 637 500	40.70	12	0.008	21.38
II₈	22 287 500	60.40	8	0.009	2.66
III₁	0	0	0	0	0
III₂	0	0	0	0	0
III₃	0	0	0	0	0
IV₁	0	0	0	0	0
IV₂	0	0	0	0	0

续表 4-20

分区编号	面积/m²	弱透水层厚度/m	水位差/m	弱透水层渗透系数/(m/d)	越流排泄量/(万 m³/a)
IV₃	0	0	0	0	0
IV₄	0	0	0	0	0
IV₅	0	0	0	0	0
IV₆	0	0	0	0	0
合计	2 309 525 430				1 418.93

4.1.4.3 浅层地下水资源量均衡分析

将以上计算成果代入浅层地下水均衡方程,分别计算多年平均及典型年(丰水年、平水年、枯水年)的浅层地下水资源量,见表 4-21 ~ 表 4-24。

通过水量均衡计算得出以下结论:浅层地下水多年平均补给量为 45 376.22 万 m³/a,排泄量为 44 451.81 万 m³/a,补给量大于排泄量。从整体来看,全区处于正均衡状态,整体平均水位呈上升态势。区内 I₅、I₈、II₄、II₆、II₇、IV₂、IV₃ 等 11 个均衡计算单元处于负均衡状态,平均水位呈下降态势。

浅层地下水多年平均条件下的总补给量为 45 376.22 万 m³/a,其中大气降水入渗补给量为 33 962.73 万 m³/a,占总补给量的 74.85%;河流侧渗补给量为 1 838.77 万 m³/a,占总补给量的 4.05%;侧向径流补给量为 1 654.35 万 m³/a,占总补给量的 3.65%;农田灌溉回渗补给量为 3 830.26 万 m³/a,占总补给量的 8.44%;水库侧渗补给量为 2 415.21 万 m³/a,占总补给量的 5.32%;河渠渗漏补给量为 1 674.90 万 m³/a,占总补给量的 3.69%。

浅层地下水多年平均条件下的总排泄量为 44 451.81 万 m³,其中开采排泄量(工业及人畜生活用水、农田灌溉开采)为 32 809.90 万 m³,占总排泄量的 73.81%;河流侧渗排泄量为 5 612.52 万 m³,占总排泄量的 12.63%;潜水蒸发排泄量为 3 679.71 万 m³,占总排泄量的

表4-21　平顶山市浅层地下水多年平均资源量均衡计算结果

分区编号	面积/km²	补给量(万m³/a)							消耗量(万m³/a)							均衡差/(万m³/a)	μ	水位变幅/(m/a)
		大气降水入渗	农田灌溉回渗	河流侧渗	侧向径流	水库侧渗	河渠渗漏	小计	工业及人畜生活用水	农田灌溉开采	潜水蒸发	侧向径流排泄	河流侧渗排泄	越流排泄	小计			
I₁	363.71	3 520.07	771.76	0	342.93	0	23.66	4 658.42	410.99	638.57	0	0	3 241.20	88.36	4 379.12	279.30	0.055	0.14
I₂	267.91	2 765.78	667.47	1 340.03	0	0	125.67	4 898.95	193.70	3 195.18	272.41	390.99	128.51	539.38	4 720.17	178.79	0.055	0.12
I₃	256.93	2 652.41	436.31	0	314.29	713	172.11	4 288.12	185.76	2 522.13	456.65	0	972.36	106.52	4 243.42	44.69	0.055	0.03
I₄	250.02	2 581.07	717.71	224.99	0	0	301.38	3 825.15	180.76	2 427.08	821.57	0	0	227.09	3 666.50	168.64	0.055	0.12
I₅	346.26	3 574.63	326	273.75	0	649	40.75	4 864.13	213.64	4 779.93	330.38	431.01	73	0	5 827.96	-963.85	0.055	-0.51
I₆	104.16	1 142.44	183.97	0	0	0	78.44	1 404.85	75.30	1 239.74	37.15	0	0	0	1 352.19	52.66	0.055	0.09
I₇	35.17	385.80	0	0	1.69	0	0	387.49	25.43	0	29.40	0	0	0	54.83	332.65	0.338	0.28
I₈	30.67	336.38	0	0	6.02	0	0	342.40	22.17	0	71.70	0	0	0	93.87	248.53	0.338	0.24
II₁	173.27	1 676.90	219.01	0	0	0	109.39	2 005.30	125.27	1 860.14	0	0	0	154.87	2 140.28	-134.98	0.055	-0.14
II₂	58.36	564.80	45.74	0	39.60	0	19.38	669.52	46.51	457.42	0	0	0	8.93	512.86	156.67	0.338	0.08
II₃	61.82	598.26	15.41	0	35.70	0	126.33	775.70	65.96	238.06	0	0	0	12.29	316.31	459.39	0.338	0.22
II₄	397.82	3 850.15	16.32	0	0	925	442.32	5 233.79	287.62	4 693.20	397.70	0	365	84.40	5 827.92	-594.14	0.040	-0.37
II₅	3.84	37.12	105.02	0	2.41	120	100.55	365.10	2.77	360.23	0	0	0	1.50	364.50	0.59	0.040	0.04
II₆	598.03	3 086.84	1.01	0	0	0	0	3 087.85	432.37	1 780.13	1 002.38	0	0	171.55	3 386.43	-298.57	0.040	-0.12
II₇	90.64	877.21	157.88	0	268.64	0	0	1 303.73	65.53	1 278.79	0	0	0	21.38	1 365.70	-61.96	0.040	-0.17
II₈	22.29	215.70	23.93	0	0	0	0	239.63	16.11	122.28	0	108.75	0	2.66	249.80	-10.18	0.040	-0.11

续表 4-21

分区编号	面积/km²	补给量/(万 m³/a)							消耗量/(万 m³/a)							均衡差/(万 m³/a)	μ	水位变幅/(m/a)
		大气降水入渗	农田灌溉回渗	河流侧渗	侧向径流	水库侧渗	河渠渗漏	小计	工业及人畜生活用水	农田灌溉开采	潜水蒸发	侧流径流流排泄	河流侧渗排泄	越流排泄	小计			
III₁	19.41	100.18	2.94	0	10.82	8.21	0	122.15	14.03	58.84	0	0	0	0	72.87	49.28	0.045	0.56
III₂	234.57	1 210.77	2.56	0	203.24	0	0	1 416.57	169.59	570.24	260.37	0	0	0	1 000.20	416.38	0.045	0.39
III₃	114.49	590.95	30.96	0	246.96	0	0	868.87	82.77	859.26	0	0	0	0	942.03	-73.16	0.045	-0.14
IV₁	268.97	1 388.35	15.11	0	46.72	0	134.92	1 585.10	244.76	872.25	0	0	0	0	1 117.01	468.09	0.045	0.39
IV₂	57.89	298.80	35.50	0	1.59	0	0	335.89	41.85	320.08	0	0	0	0	361.93	-26.04	0.045	-0.10
IV₃	10.03	51.79	7.64	0	19.06	0	0	78.49	7.25	62.82	0	0	0	0	70.07	8.40	0.045	0.19
IV₄	281.54	1 453.22	1.32	0	82.35	0	0	1 536.89	450.46	26.49	0	0	832.45	0	1 309.40	227.50	0.045	0.18
IV₅	72.23	372.81	37.16	0	26.50	0	0	436.47	52.22	383.26	0	0	0	0	435.48	0.99	0.045	0
IV₆	122.11	630.30	9.53	0	5.83	0	0	645.66	88.29	562.67	0	0	0	0	650.96	-5.30	0.045	-0.01
合计	4 242.14	33 962.73	3 830.26	1 838.77	1 654.35	2 415.21	1 674.90	45 376.22	3 501.11	29 308.79	3 679.71	930.75	5 612.52	1 418.93	44 451.81	924.37		

表 4-22 平顶山市浅层地下水丰水年资源量均衡计算结果（万 m³/a）

分区编号	面积/km²	补给量/(万 m³/a)							消耗量/(万 m³/a)							均衡差/(万 m³/a)	μ	水位变幅/(m/a)
		大气降水入渗	农田灌溉回渗	河流侧渗	侧向径流	水库侧渗	河渠渗漏	小计	工业及人畜生活用水	农田灌溉开采	潜水蒸发	侧向径流排泄	河流侧渗排泄	越流排泄	小计			
I₁	363.71	3 957.75	549.36	0	342.93	0	23.66	4 873.70	410.99	319.29	0	0	3 241.20	88.36	4 059.84	813.85	0.055	0.41
I₂	267.91	3 109.67	425.23	1 340.03	0	0	125.67	5 000.60	193.70	1 597.59	272.41	390.99	128.51	539.38	3 122.58	1 878.02	0.055	1.27
I₃	256.93	2 982.20	264.18	0	314.29	713	172.11	4 445.78	185.76	1 261.06	456.65	0	972.36	106.52	2 982.35	1 463.42	0.055	1.04
I₄	250.00	2 901.99	402.60	224.99	0	0	301.38	3 830.96	180.76	1 213.54	821.57	0	0	227.09	2 442.96	1 388	0.055	1.01
I₅	346.26	4 019.08	185	273.75	0	649	40.75	5 167.58	213.64	2 389.97	330.38	431.01	73	0	3 438	1 729.58	0.055	0.91
I₆	104.16	1 284.49	91.99	0	0	0	78.44	1 454.92	75.30	619.87	37.15	0	0	0	732.32	722.60	0.055	1.26
I₇	35.17	433.76	0	0	1.69	0	0	435.45	25.43	0	29.40	0	0	0	54.83	380.62	0.338	0.32
I₈	30.67	378.21	0	0	6.02	0	0	384.23	22.17	0	71.70	0	0	0	93.87	290.35	0.338	0.28
II₁	173.27	1 885.40	109.51	0	0	0	109.39	2 104.30	125.27	930.07	0	0	0	154.87	1 210.21	894.08	0.055	0.94
II₂	58.36	635.02	22.87	0	39.60	0	19.38	716.87	46.51	228.71	0	0	0	8.93	284.15	432.73	0.338	0.22
II₃	61.82	672.65	7.70	0	35.70	0	126.33	842.38	65.96	119.03	0	0	0	12.29	197.28	645.10	0.338	0.31
II₄	397.82	4 328.86	8.16	0	0	925	442.32	5 704.34	287.62	2 346.60	397.70	0	365	84.40	3 481.32	2 223.02	0.040	1.40
II₅	3.84	41.73	52.51	0	2.41	120	100.55	317.20	2.77	180.12	0	0	0	1.50	184.39	132.81	0.040	0.66
II₆	598.03	3 470.65	0.51	0	0	0	0	3 471.16	432.37	890.06	1 002.38	0	0	171.55	2 496.36	974.79	0.040	0.41
II₇	90.64	986.28	78.94	268.64	0	0	0	1 333.86	65.53	639.39	0	0	0	21.38	726.30	607.56	0.040	1.68
II₈	22.29	242.52	11.96	0	0	0	0	254.48	16.11	61.14	0	108.75	0	2.66	188.66	65.82	0.040	0.74

续表 4-22

分区编号	面积/km²	补给量/(万m³/a)							消耗量/(万m³/a)							均衡差/(万m³/a)	μ	水位变幅/(m/a)
		大气降水入渗	农田灌溉回渗	河流侧渗	侧向径流	水库侧渗	河渠渗漏	小计	工业及人畜生活用水	农田灌溉开采	潜水蒸发	侧向径流流排泄	河流径流渗排泄	越流排泄	小计			
III₁	19.41	112.63	1.47	0	10.82	8.21	0	133.13	14.03	29.42	0	0	0	0	43.45	89.68	0.045	1.03
III₂	234.57	1 361.32	1.28	0	203.24	0	0	1 565.84	169.59	285.12	260.37	0	0	0	715.08	850.76	0.045	0.81
III₃	114.49	664.43	15.48	0	246.96	0	0	926.87	82.77	429.63	0	0	0	0	512.40	414.46	0.045	0.80
IV₁	268.97	1 560.97	7.56	0	46.72	0	134.92	1 750.17	244.76	436.12	0	0	0	0	680.89	1 069.28	0.045	0.88
IV₂	57.89	335.95	17.75	0	1.59	0	0	355.29	41.85	160.04	0	0	0	0	201.89	153.40	0.045	0.59
IV₃	10.03	58.22	3.82	0	19.06	0	0	81.10	7.25	31.41	0	0	0	0	38.67	42.43	0.045	0.94
IV₄	281.54	1 633.91	0.66	0	82.35	0	0	1 716.92	450.46	13.24	0	0	832.45	0	1 296.15	420.77	0.045	0.33
IV₅	72.23	419.16	18.58	0	26.50	0	0	464.24	52.22	191.63	0	0	0	0	243.85	220.40	0.045	0.68
IV₆	122.11	708.67	4.77	0	5.83	0	0	719.27	88.29	281.34	0	0	0	0	369.63	349.64	0.045	0.64
合计	4 242.14	38 185.52	2 281.89	1 838.77	1 654.35	2 415.21	1 674.9	48 050.64	3 501.11	14 654.39	3 679.71	930.75	5 612.52	1 418.93	29 797.41	18 253.17		

表4-23　平顶山市浅层地下水平水年资源量均衡计算结果

分区编号	面积/km²	补给量/(万m³/a)							消耗量/(万m³/a)							均衡差/(万m³/a)	μ	水位变幅/(m/a)
		大气降水入渗	农田灌溉回渗	河流侧渗	侧向径流	水库侧渗	河渠渗漏	小计	工业及人畜生活用水	农田灌溉开采	潜水蒸发	侧向径流排泄	河流侧渗排泄	越流排泄	小计			
I₁	363.71	3 051.32	1 157.64	0	342.93	0	23.66	4 575.55	410.99	957.86	0	0	3 241.20	88.36	4 698.41	-122.86	0.055	-0.06
I₂	267.91	2 397.48	1 001.21	1 340.03	0	0	125.67	4 864.39	193.70	4 792.77	272.41	390.99	128.51	539.38	6 317.76	-1 453.37	0.055	-1.17
I₃	256.93	2 299.20	654.46	0	314.29	713	172.11	4 153.06	185.76	3 783.19	456.65	0	972.36	106.52	5 504.48	-1 351.42	0.055	-0.71
I₄	250.02	2 237.36	1 076.56	224.99	0	0	301.38	3 840.29	180.76	3 640.62	821.57	0	0	227.09	4 870.04	-1 029.75	0.055	-1.00
I₅	346.26	3 098.61	488.99	273.75	0	649	40.75	4 551.10	213.64	7 169.90	330.38	431.01	73	0	8 217.93	-3 666.83	0.055	-1.84
I₆	104.16	990.31	275.96	0	1.69	0	78.44	1 344.71	75.30	1 859.61	37.15	0	0	0	1 972.06	-627.35	0.055	-0.46
I₇	35.17	334.42	0	0	6.02	0	0	336.11	25.43	0	29.40	0	0	0	54.83	281.28	0.338	0.24
I₈	30.67	291.59	0	0	0	0	0	297.61	22.17	0	71.70	0	0	0	93.87	203.74	0.338	0.20
II₁	173.27	1 453.60	328.52	0	0	0	109.39	1 891.51	125.27	2 790.20	0	0	0	154.87	3 070.34	-1 178.83	0.055	-0.45
II₂	58.36	489.59	68.61	39.60	0	0	19.38	617.18	46.51	686.13	0	0	0	8.93	741.57	-124.39	0.338	0.38
II₃	61.82	518.59	23.11	35.70	0	0	126.33	703.73	65.96	357.10	0	0	0	12.29	435.35	268.38	0.338	0.35
II₄	397.82	3 337.45	24.48	0	0	925	442.32	4 729.25	287.62	7 039.79	397.70	0	365	84.40	8 174.51	-3 445.26	0.040	-1.78
II₅	3.84	32.17	157.53	2.41	0	120	100.55	412.66	2.77	540.35	0	0	0	1.50	544.62	131.96	0.040	0.53
II₆	598.03	2 675.78	1.52	0	0	0	0	2 677.30	432.37	2 670.19	1 002.30	0	0	171.55	4 276.41	-1 599.11	0.040	-0.50
II₇	90.64	760.40	236.82	268.64	0	0	0	1 265.86	65.53	1 918.18	0	0	0	21.38	2 005.09	-739.23	0.040	-2.44
II₈	22.29	186.98	35.89	0	0	0	0	222.87	16.11	183.42	0	108.75	0	2.66	310.94	-88.07	0.040	-0.86

续表 4-23

分区编号	面积/km²	补给量/(万 m³/a)							消耗量/(万 m³/a)							均衡差/(万 m³/a)	μ	水位变幅/(m/a)
		大气降水入渗	农田灌溉回渗	河流侧渗	侧向径流	水库侧渗	河渠渗漏	小计	工业及人畜生活用水	农田灌溉开采	潜水蒸发	侧流径流流排泄	河流侧渗排泄	越流排泄	小计			
III₁	19.41	86.84	4.41	0	10.82	8.21	0	110.28	14.03	88.26	0	0	0	0	102.29	7.99	0.045	2.13
III₂	234.57	1 049.54	3.84	0	203.24	0	0	1 256.62	169.59	855.35	260.37	0	0	0	1 285.31	-28.69	0.045	0.12
III₃	114.49	512.26	46.44	0	246.96	0	0	805.66	82.77	1 288.89	0	0	0	0	1 371.66	-566	0.045	-0.73
IV₁	268.97	1 203.47	22.67	0	46.72	0	134.92	1 407.78	244.76	1 308.37	0	0	0	0	1 553.13	145.35	0.045	0.09
IV₂	57.89	259.01	53.26	0	1.59	0	0	313.86	41.85	480.12	0	0	0	0	521.97	-208.11	0.045	-0.85
IV₃	10.03	44.89	11.46	0	19.06	0	0	75.41	7.25	94.23	0	0	0	0	101.48	-26.07	0.045	-0.65
IV₄	281.54	1 259.70	1.99	0	82.35	0	0	1 344.04	450.46	39.73	0	0	832.45	0	1 322.64	21.4	0.045	0.06
IV₅	72.23	323.16	55.74	0	26.50	0	0	405.40	52.22	574.89	0	0	0	0	627.11	-221.71	0.045	-0.64
IV₆	122.11	546.37	14.30	0	5.83	0	0	566.50	88.29	844.01	0	0	0	0	932.30	-365.8	0.045	-0.55
合计	4 242.14	29 440.09	5 745.41	1 838.77	1 654.35	2 415.21	1 674.90	42 768.73	3 501.11	43 963.16	3 679.63	930.75	5 612.52	1 418.93	59 106.10	-16 337.37		

表 4-24　平顶山市浅层地下水枯水年资源量均衡计算结果

分区编号	面积/km²	补给量/(万 m³/a)							消耗量/(万 m³/a)							均衡差/(万 m³/a)	μ	水位变幅/(m/a)
		大气降水入渗	农田灌溉回渗	河流侧渗	侧向径流	水库侧渗	河渠渗漏	小计	工业及人畜生活用水	农田灌溉开采	潜水蒸发	侧流径流排泄	河流侧渗排泄	越流排泄	小计			
I₁	363.71	2 538.40	1 380.04	0	342.93	0	23.66	4 285.03	410.99	1 277.15	0	0	3 241.20	88.36	5 017.70	−732.66	0.055	−0.37
I₂	267.91	1 994.47	1 243.46	1 340.03	0	0	125.67	4 703.63	193.70	6 390.36	272.41	390.99	128.51	539.38	7 915.35	−3 579.04	0.055	−2.43
I₃	256.93	1 912.71	826.59	0	314.29	713	172.11	3 938.7	185.76	5 044.26	456.65	0	972.36	106.52	6 765.55	−2 409.98	0.055	−1.71
I₄	250.02	1 861.27	1 391.66	224.99	0	0	301.38	3 779.3	180.76	4 854.16	821.57	0	0	227.09	6 083.58	−2 770.74	0.055	−2.01
I₅	346.26	2 577.74	629.99	273.75	0	649	40.75	4 171.23	213.64	9 559.87	330.38	431.01	73	0	10 607.90	−6 240.06	0.055	−3.28
I₆	104.16	823.84	367.95	0	1.69	0	78.44	1 270.23	75.30	2 479.49	37.15	0	0	0	2 591.94	−878.98	0.055	−1.53
I₇	35.17	278.21	0	0	0	0	0	279.90	25.43	0	29.40	0	0	0	54.83	225.06	0.338	0.19
I₈	30.67	242.57	0	0	6.02	0	0	248.59	22.17	0	71.70	0	0	0	93.87	154.72	0.338	0.15
II₁	173.27	1 209.25	438.03	0	0	0	109.39	1 756.67	125.27	3 720.27	0	0	0	154.87	4 000.41	−1 290.11	0.055	−1.35
II₂	58.36	407.29	91.48	0	39.60	0	19.38	557.75	46.51	914.84	0	0	0	8.93	970.28	735.41	0.338	0.37
II₃	61.82	431.42	30.81	0	35.70	0	126.33	624.26	65.96	476.13	0	0	0	12.29	554.38	669.06	0.338	0.32
II₄	397.82	2 776.43	32.64	0	0	925	442.32	4 176.39	287.62	9 386.39	397.70	0	365	84.40	10 521.11	−5 533.44	0.040	−3.48
II₅	3.84	26.77	210.05	0	2.41	120	100.55	459.78	2.77	720.46	0	0	0	1.50	724.73	330.96	0.040	0.58
II₆	598.03	2 225.99	2.02	0	0	0	0	2 228.01	432.37	3 560.25	1 002.38	0	0	171.55	5 166.55	−2 411.05	0.040	−1.01
II₇	90.64	632.58	315.76	0	268.64	0	0	1 216.98	65.53	2 557.57	0	0	0	21.38	2 644.48	−1 620.97	0.040	−4.47
II₈	22.29	155.55	47.86	0	0	0	0	203.41	16.11	244.57	0	108.75	0	2.66	372.09	−153.09	0.040	−1.72

续表 4-24

分区编号	面积/km²	补给量（万 m³/a）							消耗量（万 m³/a）							均衡差/（万 m³/a）	μ	水位变幅/（m/a）
		大气降水入渗	农田灌溉回渗	河流侧渗	侧向径流	水库侧渗	河渠渗漏	小计	工业及人畜生活用水	农田灌溉开采	潜水蒸发	侧流径流排泄	河流侧渗排泄	越流排泄	小计			
III₁	19.41	72.24	5.88	0	10.82	8.21	0	97.15	14.03	117.68	0	0	0	0	131.71	202.25	0.045	2.32
III₂	234.57	873.12	5.12	0	203.24	0	0	1 081.48	169.59	1 140.47	260.37	0	0	0	1 570.43	−282.01	0.045	−0.27
III₃	114.49	426.15	61.93	0	246.96	0	0	735.04	82.77	1 718.52	0	0	0	0	1 801.29	−810.40	0.045	−1.57
IV₁	268.97	1 001.17	30.22	0	46.72	0	134.92	1 213.03	244.76	1 744.50	0	0	0	0	1 989.26	−442.83	0.045	−0.37
IV₂	57.89	215.47	71.01	0	1.59	0	0	288.07	41.85	640.16	0	0	0	0	682.01	−411.22	0.045	−1.58
IV₃	10.03	37.34	15.28	0	19.06	0	0	71.68	7.25	125.65	0	0	0	0	132.90	−65.49	0.045	−1.45
IV₄	281.54	1 047.95	2.65	0	82.35	0	0	1 132.95	450.46	52.97	0	0	832.45	0	1 335.88	−138.53	0.045	−0.11
IV₅	72.23	268.84	74.33	0	26.50	0	0	369.67	52.22	766.52	0	0	0	0	818.74	−431.24	0.045	−1.33
IV₆	122.11	454.52	19.07	0	5.83	0	0	479.42	88.29	1 125.35	0	0	0	0	1 213.64	−652.05	0.045	−1.19
合计	4 242.14	24 491.29	7 293.83	1 838.77	1 654.35	2 415.21	1 674.90	39 368.35	3 501.11	58 617.59	3 679.71	930.75	5 612.52	1 418.93	73 760.61	−28 536.40		

8.28%;越流排泄量为 1 418.93 万 m³,占总排泄量的 3.19%;侧向径流排泄量为 930.75 万 m³,占总排泄量的 2.09%。

4.1.4.4　浅层地下水可开采量计算

浅层地下水可开采量是指在经济合理、技术可行且利用后不会造成地下水位持续下降、水质恶化、地面沉降等生态地质环境问题和不对生态环境造成不良影响的情况下,允许从地下含水层中取出的最大水量。通常用可开采系数法进行计算。

$$Q_{可采} = \rho \cdot Q_{总补} \tag{4-13}$$

式中　$Q_{可采}$——浅层地下水可开采量,万 m³/a;

　　　ρ——可开采系数($\rho \leqslant 1$),根据区域水文地质条件,结合浅层地下水的补给和开采状况,本次评价综合确定 ρ 的取值为 0.75;

　　　$Q_{总补}$——浅层地下水总补给量,万 m³/a,见表 4-21。

浅层地下水可开采资源量计算结果见表 4-25。

表 4-25　浅层地下水可开采资源量计算结果

分区编号	面积/km²	总补给量/(万 m³/a)							可开采系数	可开采资源量/(万 m³/a)
		大气降水入渗	农田灌溉回渗	河流侧渗	侧向径流	水库侧渗	河渠渗漏	小计		
I₁	363.71	3 520.07	771.76	0	342.93	0	23.66	4 658.42		3 493.82
I₂	267.91	2 765.78	667.47	1 340.03	0	0	125.67	4 898.95		3 674.22
I₃	256.93	2 652.41	436.31	0	314.29	713	172.11	4 288.12		3 216.09
I₄	250.02	2 581.07	717.71	224.99	0	0	301.38	3 825.15		2 868.86
I₅	346.26	3 574.63	326	273.75	0	649	40.75	4 864.13	0.75	3 648.09
I₆	104.16	1 142.44	183.97	0	0	0	78.44	1 404.85		1 053.65
I₇	35.17	385.80	0	0	1.69	0	0	387.49		290.61
I₈	30.67	336.38	0	0	6.02	0	0	342.40		256.80
II₁	173.27	1 676.90	219.01	0	0	0	109.39	2 005.30		1 503.98
II₂	58.36	564.80	45.74	0	39.60	0	19.38	669.52		502.14

续表 4-25

分区编号	面积/km²	总补给量/(万 m³/a)							可开采系数	可开采资源量/(万 m³/a)
		大气降水入渗	农田灌溉回渗	河流侧渗	侧向径流	水库侧渗	河渠渗漏	小计		
II₃	61.82	598.26	15.41	0	35.70	0	126.33	775.70		581.77
II₄	397.82	3 850.15	16.32	0	0	925	442.32	5 233.79		3 925.34
II₅	3.84	37.12	105.02	0	2.41	120	100.55	365.10		273.83
II₆	598.03	3 086.84	1.01	0	0	0	0	3 087.85		2 315.89
II₇	90.64	877.21	157.88	0	268.64	0	0	1 303.73		977.80
II₈	22.29	215.70	23.93	0	0	0	0	239.63		179.72
III₁	19.41	100.18	2.94	0	10.82	8.20	0	122.15		91.61
III₂	234.57	1 210.77	2.56	0	203.24	0	0	1 416.57	0.75	1 062.44
III₃	114.49	590.95	30.96	0	246.96	0	0	868.87		651.65
IV₁	268.97	1 388.35	15.11	0	46.72	0	134.92	1 585.10		1 188.83
IV₂	57.89	298.80	35.50	0	1.59	0	0	335.89		251.92
IV₃	10.03	51.79	7.64	0	19.06	0	0	78.49		58.86
IV₄	281.54	1 453.22	1.32	0	82.35	0	0	1 536.89		1 152.67
IV₅	72.23	372.81	37.16	0	26.50	0	0	436.47		327.35
IV₆	122.11	630.30	9.53	0	5.83	0	0	645.66		484.25
合计	4 242.14	33 962.73	3 830.26	1 838.77	1 654.35	2 415.21	1 674.90	45 376.22		34 032.19

4.1.4.5　浅层地下水含水层的容积储存量计算

$$Q_{储} = \mu \times F \times H \tag{4-14}$$

式中　$Q_{储}$——浅层地下水含水层的容积储存量,万 m³;

　　　μ——浅层含水层组的给水度(无量纲);

　　　H——含水层平均厚度,m;

　　　F——含水层分布面积,万 m²。

浅层地下水含水层的容积储存量计算结果见表 4-26。

表 4-26　浅层地下水含水层的容积储存量计算结果

分区编号	面积/万 m²	微承压含水层			浅层潜水含水层			合计
		厚度/m	给水度	储存量/万 m³	厚度/m	给水度	储存量/万 m³	储存量/万 m³
I₁	36 371	2	0.20	14 548.40	48	0.06	96 019.44	110 567.84
I₂	26 791.25	2	0.20	10 716.50	48	0.06	70 728.90	81 445.40
I₃	25 693	5	0.20	25 693	45	0.06	63 590.18	89 283.18
I₄	25 002	5	0.20	25 002	45	0.06	61 879.95	86 881.95
I₅	34 626.25	5	0.20	34 626.25	45	0.06	85 699.97	120 326.22
I₆	10 415.50	2	0.20	4 166.20	48	0.06	27 496.92	31 663.12
I₇	3 517.25	44	0.20	30 951.80	6	0.34	7 132.98	38 084.78
I₈	3 066.75	46	0.20	28 214.10	4	0.34	4 146.25	32 360.35
II₁	17 326.50	12	0.20	41 583.60	38	0.06	36 212.39	77 795.99
II₂	5 835.75	2	0.20	2 334.30	35	0.34	69 036.92	71 371.22
II₃	6 181.50	1.50	0.20	1 854.45	35	0.34	73 127.15	74 981.60
II₄	39 781.50	10	0.10	39 781.50	40	0.04	63 650.40	103 431.90
II₅	383.50	10	0.10	383.50	40	0.04	613.60	997.10
II₆	59 802.50	12	0.10	71 763	38	0.04	90 899.80	162 662.80
II₇	9 063.75	15	0.10	13 595.63	35	0.04	12 689.25	26 284.88
II₈	2 228.75	15	0.10	3 343.13	35	0.04	3 120.25	6 463.38
III₁	1 940.75	30	0.10	5 822.25	20	0.05	1 746.68	7 568.93
III₂	23 456.75	25	0.10	58 641.88	25	0.05	26 388.84	85 030.72
III₃	11 448.75	30	0.10	34 346.25	20	0.05	10 303.88	44 650.13
IV₁	26 896.98	30	0.10	80 690.93	20	0.05	24 207.28	104 898.21
IV₂	5 788.75	35	0.10	20 260.63	15	0.05	3 907.41	24 168.04
IV₃	1 003.25	30	0.10	3 009.75	20	0.05	902.93	3 912.68
IV₄	28 153.75	30	0.10	84 461.25	20	0.05	25 338.38	109 799.63
IV₅	7 222.50	30	0.10	21 667.50	20	0.05	6 500.25	28 167.75
IV₆	12 211	25	0.10	30 527.50	25	0.05	13 737.38	44 264.88
合计	424 209.23			687 985.30			879 077.38	1 567 062.68

全区浅层地下水含水层的容积储存量为 1 567 062.68 万 m³,是多年平均补给量的 34.5 倍。如此大的储存量,使得浅层地下水具有较大的调蓄能力,合理动用部分储存量是可行的,即在枯水期动用的储存量只要在丰水期得以偿还,就不至于造成地下水位的持续下降或水资源的枯竭,从而可以更加有效地利用浅层地下水资源。

4.2　中深层地下水可开采资源量评价

4.2.1　评价方法

中深层地下水可开采资源量主要由侧向径流补给量、越流补给量和弹性释水量三部分组成,其中弹性释水量是其资源量的主要来源,一般占总资源量的一半以上。侧向径流补给量采用达西公式进行计算,中深层地下水越流补给量即浅层地下水越流排泄量,弹性释水量采用弹性释水系数法进行计算。根据研究区中深层地下水的补给条件,确定其可开采量计算公式如下:

$$Q_{中深可} = Q_{侧补} + Q_{越} + Q_{弹} \tag{4-15}$$

式中　$Q_{中深可}$——中深层地下水的可开采量,万 m³/a;

　　　$Q_{侧补}$——侧向径流补给量,万 m³/a;

　　　$Q_{越}$——越流补给量,万 m³/a,同浅层地下水越流排泄量;

　　　$Q_{弹}$——水头降深 1 m 时的弹性释水量,万 m³/a。

4.2.2　计算单元的划分

中深层地下水资源评价区的范围:以基岩出露区及基岩埋深不大于 50 m 的区域界线为界,为松散覆盖层厚度大于 50 m 的区域,面积 2 808.69 km²。按照前述地下水系统,先将评价区划分为 2 个大区,即 I 区:汝河、沙河河谷及冲积平原强富水区,II 区:汝河、沙河、滚河山前倾斜平原及澧河冲积平原中等富水区;再根据地形地貌及水文地质条件,将 I 区进一步划分为 $I_1 \sim I_5$ 等 5 个亚区,II 区进一步划分为 $II_1 \sim II_{11}$ 等 11 个亚区,共计 16 个亚区。各计算分区的分布情况见图 4-2。

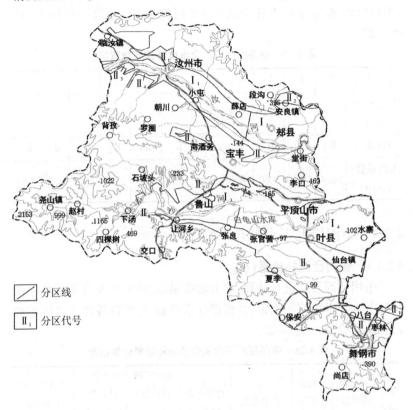

图 4-2　平顶山市中深层地下水资源评价范围及计算分区

4.2.3　计算参数的选取

　　计算参数主要根据区内已完成的水文地质研究成果,并结合本次评价工作成果,综合选取并确定。根据《河南省地下水资源与环境研究报告》和《河南省地下水资源图》及说明书等成果,综合确定中深层地下水含水层的弹性释水系数为 $1.38×10^{-5}$,弱透水层的弹性释水系数为 $1.81×10^{-4}$,导水系数为 $400 \sim 1\,000$ m²/d。

　　渗透系数根据本次抽水试验计算结果,并参考《1:20 万区域水文地质普查报告》(临汝幅、许昌幅、平顶山幅、鲁山幅、泌阳幅)和《平顶山市水资源调查评价报告》等研究成果,经修正后确定,见表4-27。

表4-27 中深层地下水含水层渗透系数取值

分区编号	I_1	I_2	I_3	I_4	I_5						
渗透系数/(m/d)	16.70	17.30	16.80	15.20	16.30						
分区编号	II_1	II_2	II_3	II_4	II_5	II_6	II_7	II_8	II_9	II_{10}	II_{11}
渗透系数/(m/d)	14.30	15.40	9.60	18.36	12.40	1.30	3.20	2.60	1.80	8.76	7.15

4.2.4 中深层地下水可开采量计算

4.2.4.1 侧向径流补给量($Q_{侧补}$)

采用达西公式进行计算,水力坡度根据2018年5月实测的中深层地下水等水位线图确定,并根据导水系数T,求得各区及全区的侧向径流补给量,见表4-28。

表4-28 中深层地下水侧向径流补给量计算结果

分区编号	平均渗透系数/(m/d)	平均含水层厚度/m	水力坡度	计算断面长度/m	侧向径流补给量/(万m³/a)(外)	侧向径流补给量/(万m³/a)(内)	合计侧向径流补给量/(万m³/a)
I_1	16.70	33.20	0.003 217 3	5 770	375.68	474.06	115.59
I_2	17.30	38	0.000 595 2	10 080	0	66.49	0
I_3	16.80	33.20	0.000 182 4	26 589	98.73	27.44	98.73
I_4	15.20	35	0.000 048 6	28 645	27.01	27.01	27.01
I_5	16.30	34	0.000 348 7	12 510	88.23	0	88.23
II_1	14.30	48	0.000 033 7	60 480	51	13.49	51
II_2	15.40	48	0.000 401 6	7 916	85.78	33.10	85.78
II_3	9.60	43	0.000 236 0	2 580	9.18	7.76	9.18

续表 4-28

分区编号	平均渗透系数/(m/d)	平均含水层厚度/m	水力坡度	计算断面长度/m	侧向径流补给量/(万 m³/a)(外)	侧向径流补给量/(万 m³/a)(内)	合计侧向径流补给量/(万 m³/a)
II₄	18.36	48	0.001 368 7	6 873	302.60	230.31	20.60
II₅	12.40	30	0.000 290 5	41 555	163.93	41.73	103.68
II₆	1.30	27	0.001 842 8	4 125	9.74	30.18	9.74
II₇	3.20	27	0.001 991 2	4 093	25.70	13.64	25.70
II₈	2.60	27	0.001 467 8	3 466	0	13.04	0
II₉	1.80	27	0.001 039 1	58 211	107.30	18.05	79.69
II₁₀	8.76	27	0.000 656 8	9 826	0	55.71	0
II₁₁	7.15	27	0.000 788 0	13 360	74.18	71.52	74.18
合计							789.11

注:内部径流交换量未计入。

4.2.4.2　越流补给量($Q_{越补}$)

计算结果同浅层地下水越流排泄量,为 1 418.93 万 m³/a。

4.2.4.3　弹性释水量($Q_弹$)

弹性释水量是指单位面积承压含水层在压力下降一个单位时所释放出的水量。为使中深层地下水资源得到可持续开发利用,不致产生不良环境地质问题,本次弹性释水量按水头每年下降 1 m 进行计算,公式如下:

$$Q_弹 = \mu_e \cdot M_{cp} \cdot \Delta h \cdot F \times 100 \tag{4-16}$$

$$Q_{弱弹} = \mu'_e \cdot M'_{cp} \cdot \Delta h \cdot F \times 100 \tag{4-17}$$

式中　$Q_弹$、$Q_{弱弹}$——含水层及弱透水层弹性释水量,万 m³/a;

μ_e、μ'_e——含水层及弱透水层弹性释水系数(无量纲);

M_{cp}、M'_{cp}——含水层及弱透水层的平均厚度,m;

Δh——区域水位降深,m,计算时采用 1 m;

F——面积,km²。

中深层地下水弹性释水量计算结果见表4-29。

表4-29　中深层地下水弹性释水量计算结果

分区编号	面积/km²	平均厚度/m		弹性释水系数		水头下降1m时的弹性释水量/(万m³/a)		
		含水层	弱透水层	含水层	弱透水层	含水层	弱透水层	合计
I₁	319.69	33.20	60	0.000 013 8	0.000 181	14.65	347.18	361.83
I₂	313.88	38	70	0.000 013 8	0.000 181	16.46	340.87	357.33
I₃	306.50	33.20	70	0.000 013 8	0.000 181	14.04	332.86	346.90
I₄	651.56	35	60	0.000 013 8	0.000 181	31.47	589.66	621.13
I₅	105.31	34	80	0.000 013 8	0.000 181	4.94	152.49	157.43
II₁	208.31	48	60	0.000 013 8	0.000 181	13.80	188.52	202.32
II₂	34	48	70	0.000 013 8	0.000 181	2.25	43.08	45.33
II₃	8.31	43	80	0.000 013 8	0.000 181	0.49	12.04	12.53
II₄	8.94	48	60	0.000 013 8	0.000 181	0.59	9.71	10.30
II₅	94.06	30	30	0.000 013 8	0.000 181	3.89	51.08	54.97
II₆	30.19	27	50	0.000 013 8	0.000 181	1.12	27.32	28.44
II₇	5.69	27	50	0.000 013 8	0.000 181	0.21	5.15	5.36
II₈	14.25	27	40	0.000 013 8	0.000 181	0.53	10.32	10.85
II₉	594.19	27	30	0.000 013 8	0.000 181	22.14	322.64	344.78
II₁₀	22.31	27	30	0.000 013 8	0.000 181	0.83	12.12	12.95
II₁₁	91.50	27	30	0.000 013 8	0.000 181	3.41	49.68	53.09
合计	2 808.69							2 625.54

4.2.4.4　中深层地下水可开采量

综上所述,计算平顶山市中深层地下水可开采量为4 833.58万m³/a,其中侧向径流补给量789.11万m³/a,越流补给量1 418.93万m³/a,弹性释水量2 625.54万m³/a。各计算分区的可开采量计算结果见表4-30。

表 4-30　中深层地下水可开采量分区计算结果

分区编号	面积/km²	可开采量/(万 m³/a)			
		侧向径流补给量	越流补给量	水头下降 1 m 时的弹性释水量	小计
I₁	319.69	115.59	88.36	361.83	565.78
I₂	313.88	0	539.38	357.33	896.71
I₃	306.50	98.73	106.52	346.90	552.15
I₄	651.56	27.01	227.09	621.13	875.23
I₅	105.31	88.23	0	157.43	245.66
II₁	208.31	51	154.87	202.32	408.19
II₂	34	85.78	12.29	45.33	143.40
II₃	8.31	9.18	8.93	12.53	30.64
II₄	8.94	20.60	1.50	10.30	32.40
II₅	94.06	103.68	84.40	54.97	243.05
II₆	30.19	9.74	21.38	28.44	59.56
II₇	5.69	25.70	0	5.36	31.06
II₈	14.25	0	0	10.85	10.85
II₉	594.19	79.69	171.55	344.78	596.02
II₁₀	22.31	0	2.66	12.95	15.61
II₁₁	91.50	74.18	0	53.09	127.27
合计	2 808.69	789.11	1 418.93	2 625.54	4 833.58

4.2.4.5　弹性储存量计算

中深层地下水弹性储存量是指地下水系统在地质历史时期积累保留下来的,补给来源较少,循环交替相对缓慢的,自含水层顶板算起的压力水头高度范围内的储存量。因中深层地下水可开采量组成部分的越流量为潜水的重复量,故中深层地下水的富水性很大程度地反映在弹性储存量的大小上。其计算公式同浅层地下水,结果见表 4-31。

表 4-31　中深层地下水弹性储存量计算结果

分区编号	计算面积/km²	评价厚度/m		弹性释水系数		弹性储存量/（万 m³）			弹性储存资源模数/（万 m³/km²）
		含水层	弱透水层	含水层	弱透水层	含水层	弱透水层	合计	
I₁	319.69	33.20	60	0.000 013 8	0.000 181	439.40	10 415.42	10 854.82	33.95
I₂	313.88	38	60	0.000 013 8	0.000 181	52.67	10 907.78	10 960.45	34.92
I₃	306.50	33.20	60	0.000 013 8	0.000 181	39.32	9 320.05	9 359.37	30.54
I₄	651.56	35	50	0.000 013 8	0.000 181	78.68	14 741.60	14 820.28	22.75
I₅	105.31	34	80	0.000 013 8	0.000 181	18.28	5 642.22	5 660.50	53.75
II₁	208.31	48	50	0.000 013 8	0.000 181	55.19	7 540.91	7 596.10	36.46
II₂	34	48	70	0.000 013 8	0.000 181	9.46	1 809.28	1 818.74	53.49
II₃	8.31	43	80	0.000 013 8	0.000 181	1.68	409.24	410.92	49.43
II₄	8.94	48	60	0.000 013 8	0.000 181	2.07	339.71	341.78	38.24
II₅	94.06	30	30	0.000 013 8	0.000 181	19.47	2 553.80	2 573.27	27.36
II₆	30.19	27	50	0.000 013 8	0.000 181	6.75	1 639.18	1 645.93	54.52
II₇	5.69	27	50	0.000 013 8	0.000 181	1.27	308.83	310.10	54.52

续表 4-31

分区编号	计算面积/km²	评价厚度/m		弹性释水系数		弹性储存量/(万 m³)			弹性储存资源模数/(万 m³/km²)
		含水层	弱透水层	含水层	弱透水层	含水层	弱透水层	合计	
II$_8$	14.25	27	40	0.000 013 8	0.000 181	2.65	515.85	518.50	36.39
II$_9$	594.19	27	30	0.000 013 8	0.000 181	110.70	16 132.19	16 242.89	27.34
II$_{10}$	22.31	27	30	0.000 013 8	0.000 181	4.16	605.78	609.94	27.34
II$_{11}$	91.50	27	30	0.000 013 8	0.000 181	17.05	2 484.23	2 501.28	27.34
合计	2 808.69					858.80	85 366.07	86 224.87	38.02

全区中深层地下水弹性储存量为 86 224.87 万 m³,是多年平均可开采量的 17.8 倍。如此大的储存量,使得中深层地下水具有很强的调蓄能力,合理动用部分储存量是可行的,即在枯水期动用的储存量只要在丰水期得以偿还,就不至于造成地下水位的持续下降或水资源的枯竭,从而可以更加有效地利用中深层地下水资源。

4.3　基岩山区地下水资源量概略性评价

4.3.1　评价方法

基岩山区地下水补给量主要来自大气降水,因此采用大气降水入渗法进行天然补给资源量的计算,公式如下:

$$Q_{天补} = 0.10\alpha PF \tag{4-18}$$

式中　$Q_{天补}$——天然补给资源量,万 m³/a;

　　　α——大气降水入渗系数;

　　　P——多年平均大气降水量,mm;

　　　F——计算区面积,km²。

4.3.2　计算单元的划分

基岩山区地下水资源评价区的范围:以基岩出露界线为界,为基岩出露的全部区域,面积 3 639.91 km²。按照前述的地下水系统,先将评价区划分为 4 个大区,即Ⅰ区:碎屑岩类、Ⅱ区:层状岩类、Ⅲ区:块状岩类、Ⅳ区:碳酸盐岩类;再根据地形地貌及水文地质条件,将Ⅰ区进一步划分为Ⅰ₁~Ⅰ₃ 等 3 个亚区,Ⅱ区进一步划分为Ⅱ₁~Ⅱ₃ 等 3 个亚区,Ⅲ区进一步划分为Ⅲ₁~Ⅲ₈ 等 8 个亚区,Ⅳ区进一步划分为Ⅳ₁~Ⅳ₅ 等 5 个亚区,共计 19 个亚区。各计算分区的分布情况见图 4-3。

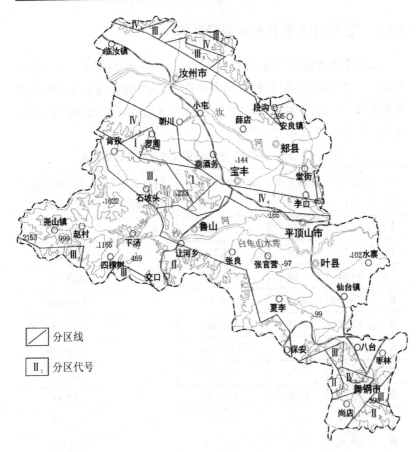

图 4-3　平顶山市基岩山区地下水资源评价范围及计算分区

4.3.3　计算参数的选取

根据评价区包气带岩性、包气带厚度、地形坡度、裂隙发育程度等因素,结合区域地质经验,本次大气降水入渗系数 α 取值分别为:碎屑岩类 0.10、层状岩类 0.08、块状岩类 0.08、碳酸盐岩类 0.20。

4.3.4　基岩山区地下水资源量计算

按照上述方法和参数,计算出基岩山区地下水资源量为 32 258.35 万 m³/a。根据区域地质经验,结合评价区实际,综合确定地下水的可开采系数为 0.60,计算出基岩山区地下水可开采量为 19 355.01 万 m³/a。分区计算结果见表 4-32。

表 4-32　基岩山区地下水资源量与可开采量计算结果

分区编号	面积/km²	降雨入渗系数	地下水资源量/(万 m³/a)	可开采系数	地下水可开采量/(万 m³/a)
I₁	41.78	0.10	336.96		202.18
I₂	58.74	0.10	473.75		284.25
I₃	99.84	0.10	805.23		483.14
II₁	1 549.53	0.08	9 997.82		5 998.69
II₂	55.99	0.08	361.26		216.76
II₃	309.22	0.08	1 995.14		1 197.08
III₁	33.38	0.08	215.37		129.22
III₂	30.25	0.08	195.18		117.11
III₃	71.58	0.08	461.85	0.60	277.11
III₄	339.78	0.08	2 192.31		1 315.39
III₅	66.79	0.08	430.94		258.56
III₆	43.32	0.08	279.51		167.71
III₇	31.06	0.08	200.40		120.24
III₈	35.57	0.08	229.50		137.70
IV₁	36.06	0.20	581.66		349.00
IV₂	187.56	0.20	3 025.42		1 815.25
IV₃	299.13	0.20	4 825.09		2 895.05

续表 4-32

分区编号	面积/km²	降雨入渗系数	地下水资源量/(万 m³/a)	可开采系数	地下水可开采量/(万 m³/a)
IV₄	280.94	0.20	4 531.67	0.60	2 719.00
IV₅	69.39	0.20	1 119.29		671.57
合计	3 639.91		32 258.35		19 355.01

4.4　平顶山市地下水资源量汇总统计

4.4.1　各计算分区地下水资源量汇总统计

根据前面计算的浅层地下水资源量、中深层地下水资源量和基岩山区地下水资源量,对各计算分区的地下水资源量进行汇总统计,见表 4-33。

4.4.2　各县(市)区地下水资源量汇总统计

根据前面计算的浅层地下水资源量、中深层地下水资源量和基岩山区地下水资源量,计算出各县(市)区的地下水天然资源量和可开采资源量,结果见表 4-34。

4.4.3　地下水资源量计算合理性分析

本次地下水资源量计算共分为浅层、中深层和基岩山区三部分,其中浅层地下水采用水量均衡法,中深层地下水采用弹性释水系数法,基岩山区地下水采用大气降水入渗系数法。通过上述方法计算得出平顶山市地下水资源量为 82 468.15 万 m³/a。比照《平顶山市水资源》(中国环境出版集团 2018 年 9 月),该书水资源调查评价部分采用河川基流法计算出全市的地下水资源量为 83 297.22 万 m³/a。尽管两次地下水资源量评价所采用的计算方法不同,但计算结果基本一致,通过对比分析,说明本次平顶山市地下水资源量评价的计算方法、参数选取、计算过程和结果较为合理,较为准确地查明了平顶山市地下水资源的"家底"。

表 4-33　平顶山市地下水资源量统计

| 平原区地下水 | | | | | | | 基岩山区地下水 | | | |
| 浅层地下水 | | | | 中深层地下水 | | | | | | |
分区编号	面积/km²	天然资源量/(万 m³/a)	可开采量/(万 m³/a)	分区编号	面积/km²	可开采量/(万 m³/a)	分区编号	面积/km²	天然资源量/(万 m³/a)	可开采量/(万 m³/a)
I_1	363.71	4 658.42	3 493.82	I_1	319.69	565.78	I_1	41.78	336.96	202.18
I_2	267.91	4 898.95	3 674.22	I_2	313.88	896.71	I_2	58.74	473.75	284.25
I_3	256.93	4 288.12	3 216.09	I_3	306.50	552.15	I_3	99.84	805.23	483.14
I_4	250.02	3 825.15	2 868.86	I_4	651.56	875.23	II_1	1 549.53	9 997.82	5 998.69
I_5	346.26	4 864.13	3 648.09	I_5	105.31	245.66	II_2	55.99	361.26	216.76
I_6	104.16	1 404.85	1 053.65	II_1	208.31	408.19	II_3	309.22	1 995.14	1 197.08
I_7	35.17	387.49	290.61	II_2	34	143.40	III_1	33.38	215.37	129.22
I_8	30.67	342.40	256.80	II_3	8.31	30.64	III_2	30.25	195.18	117.11
II_1	173.27	2 005.30	1 503.98	II_4	8.94	32.40	III_3	71.58	461.85	277.11
II_2	58.36	669.52	502.14	II_5	94.06	243.05	III_4	339.78	2 192.31	1 315.39
II_3	61.82	775.70	581.77	II_6	30.19	59.56	III_5	66.79	430.94	258.56
II_4	397.82	5 233.79	3 925.34	II_7	5.69	31.06	III_6	43.32	279.51	167.71
II_5	3.84	365.10	273.83	II_8	14.25	10.85	III_7	31.06	200.40	120.24

续表 4-33

| 平原区地下水 | | | | | | | 基岩山区地下水 | | | |
| 浅层地下水 | | | | 中深层地下水 | | | | | | |
分区编号	面积/km²	天然资源量/(万 m³/a)	可开采量/(万 m³/a)	分区编号	面积/km²	可开采量/(万 m³/a)	分区编号	面积/km²	天然资源量/(万 m³/a)	可开采量/(万 m³/a)
II_6	598.03	3 087.85	2 315.89	II_9	594.19	596.02	III_8	35.57	229.50	137.70
II_7	90.64	1 303.73	977.80	II_{10}	22.31	15.61	IV_1	36.06	581.66	349.00
II_8	22.29	239.63	179.72	II_{11}	91.50	127.27	IV_2	187.56	3 025.42	1 815.25
III_1	19.41	122.15	91.61				IV_3	299.13	4 825.09	2 895.05
III_2	234.57	1 416.57	1 062.44				IV_4	280.94	4 531.67	2 719.00
III_3	114.49	868.87	651.65				IV_5	69.39	1 119.29	671.57
IV_1	268.97	1 585.10	1 188.83							
IV_2	57.89	335.89	251.92							
IV_3	10.03	78.49	58.86							
IV_4	281.54	1 536.89	1 152.67							
IV_5	72.23	436.47	327.35							
IV_6	122.11	645.66	484.25							
合计	4 242.14	45 376.22	34 032.19		2 808.69	4 833.58		3 639.91	32 258.35	19 355.01

表 4-34　平顶山市各县(市)区地下水资源量统计

县(市)区名称	天然资源量/(万 m³/a)				可开采量/(万 m³/a)			
	松散岩类		基岩山区地下水	合计	松散岩类		基岩山区地下水	合计
	浅层地下水	中深层地下水			浅层地下水	中深层地下水		
市区(含石龙区)	3 715.47	260.18	2 098.14	6 073.79	2 786.60	260.18	1 258.88	4 305.67
汝州市	7 635.98	817.13	7 844.20	16 297.33	5 726.99	817.13	4 706.52	11 250.64
宝丰县	5 906.47	404.04	3 516.48	9 826.99	4 429.85	404.04	2 109.89	6 943.78
郏县	8 362.27	1 180.69	1 013.42	10 556.38	6 271.70	1 180.69	608.05	8 060.44
鲁山县	6 310.52	745.78	13 935.46	20 991.76	4 732.89	745.78	8 361.28	13 839.95
叶县	10 095.66	1 125.97	1 720.93	12 942.56	7 571.75	1 125.97	1 032.56	9 730.27
舞钢市	3 349.84	299.79	2 129.72	5 779.35	2 512.38	299.79	1 277.83	4 090.00
平顶山市	45 376.22	4 833.58	32 258.35	82 468.15	34 032.16	4 833.58	19 355.01	58 220.75

第5章　地下水水化学特征及水质评价

5.1　地下水水化学特征

根据本次水质分析资料及收集的历史时期水质资料,对研究区(不包括汝州市)的地下水水化学特征进行阐述。区内地下水一般无色、无味、透明,浅层地下水水温 16~18 ℃,中深层地下水水温 20~32 ℃,pH 值 6.53~8.10。地下水水化学类型及分布受地貌、岩性、地下水径流条件及人为因素的影响。按照舒卡列夫分类原则,分别对浅层地下水和中深层地下水的水化学类型进行划分。

5.1.1　浅层地下水水化学类型及其分布

研究区浅层地下水水化学类型主要有 6 种,即 HCO_3-Ca 型、HCO_3-Ca·Mg 型、HCO_3·SO_4-Ca 型、HCO_3·Cl-Ca 型、HCO_3·NO_3-Ca·Mg 型和 HCO_3·SO_4-Ca·Mg 型。

(1)HCO_3-Ca 型:为平顶山市浅层地下水的主要水化学类型,主要分布在河流冲积平原及近河地带,面积约 3 284.95 km^2,占浅层地下水水质评价区总面积的 86.19%。溶解性总固体 351.76~923.06 mg/L,总硬度 297.50~669.50 mg/L。

(2)HCO_3-Ca·Mg 型:主要分布在舞钢市北部汪庄—安寨一带,面积约 57.23 km^2,占浅层地下水水质评价区总面积的 1.50%。溶解性总固体745.14 mg/L,总硬度 564.50 mg/L。

(3)HCO_3·SO_4-Ca 型:主要分布在宝丰县南部山前一带,面积 279.47 km^2,占浅层地下水水质评价区总面积的 7.33%。溶解性总固体 1 618.50 mg/L,总硬度 1 079 mg/L。

（4）$HCO_3 \cdot Cl-Ca$ 型：主要分布在叶县东部叶寨—邓李一带，面积约 40.37 km²，占浅层地下水水质评价区总面积的 1.06%。溶解性总固体 985.72 mg/L，总硬度 694.50 mg/L。

（5）$HCO_3 \cdot NO_3-Ca \cdot Mg$ 型：主要分布在鲁山县东南部张良镇一带山前，面积约 71.31 km²，占浅层地下水水质评价区总面积的 1.87%。溶解性总固体 417.74 mg/L，总硬度 272.50 mg/L。

（6）$HCO_3 \cdot SO_4-Ca \cdot Mg$ 型：主要分布在叶县叶邑镇岳楼—大营一带，面积约 78.16 km²，占浅层地下水水质评价区总面积的 2.05%。溶解性总固体 640.03 mg/L，总硬度 483.50 mg/L。

5.1.2　中深层地下水水化学类型及其分布

研究区中深层地下水水化学类型主要有 6 种，即 HCO_3-Ca 型、$HCO_3-Ca \cdot Mg$ 型、$HCO_3-Ca \cdot Na$ 型、$HCO_3-Ca \cdot Mg \cdot Na$ 型、$HCO_3-Na \cdot Ca$ 型和 $HCO_3 \cdot SO_4-Ca \cdot Mg$ 型。

（1）HCO_3-Ca 型：主要分布在郏县大部分区域、宝丰县赵庄—石桥及商酒务一带、鲁山县昭平台—磙子营一带、市区南部、叶县遵化店—廉村—仙台一带、舞钢市北部大部分地区，面积约 2 011.70 km²，占中深层地下水水质评价区总面积的 81.33%。溶解性总固体 191.58~765.49 mg/L，总硬度 111.50~545.50 mg/L。

（2）$HCO_3-Ca \cdot Mg$ 型：零星分布于郏县吴寨—赵寨一带、叶县邓李—夏李—旧县—保安东部一带、舞钢市岗王一带，面积约 309.11 km²，占中深层地下水水质评价区总面积的 12.50%。溶解性总固体 311.18~755.44 mg/L，总硬度 236~570 mg/L。

（3）$HCO_3-Ca \cdot Na$ 型：主要分布在郏县县城一带，呈椭圆形东西展布，面积约 54.16 km²，占中深层地下水水质评价区总面积的 2.19%。溶解性总固体 439.51 mg/L，总硬度 279 mg/L。

（4）$HCO_3-Ca \cdot Mg \cdot Na$ 型：主要分布在郏县东部冢头镇—大李楼一带，呈椭圆形南北展布，面积约 26.28 km²，占中深层地下水水质评价区总面积的 1.06%。溶解性总固体 516.58 mg/L，总硬度 328.50 mg/L。

（5）$HCO_3-Na \cdot Ca$ 型：主要分布在叶县县城一带，呈椭圆形东西展布，面积约 40.38 km^2，占中深层地下水水质评价区总面积的1.63%。溶解性总固体 393.52 mg/L，总硬度 130 mg/L。

（6）$HCO_3 \cdot SO_4-Ca \cdot Mg$ 型：主要分布在鲁山县马楼—张良镇一带，呈椭圆形东西展布，面积约 31.88 km^2，占中深层地下水水质评价区总面积的1.29%。溶解性总固体 243.04 mg/L，总硬度 136.50 mg/L。

5.2　地下水质量评价

5.2.1　地下水质量评价方法、标准及评价因子

5.2.1.1　生活饮用水评价方法、标准及评价因子

评价方法分单项参数评价和多项参数综合评价两种。单项参数评价按《地下水质量标准》（GB/T 14848—2017）分类指标划分为 5类，不同类别标准值相同时，从优不从劣；然后综合对比各项指标的评价结果，采用就高不就低的原则判定地下水的质量类别，即当有某一参数含量较高时，就按它所属的类别确定地下水的类别，最后的归类取决于各单项参数评价的最高值。由于大肠菌群指标的取样数量较少，评价时仅作为参考指标。

由于《地下水质量标准》（GB/T 14848—2017）Ⅲ类水的上限值和《生活饮用水卫生标准》（GB 5749—2022）的上限值基本相同，另外该标准还适用于其他部门水质评价，因此本次评价按照《地下水质量标准》（GB/T 14848—2017）进行。

本次评价共选取 35 项评价因子，即色、嗅和味、浑浊度、肉眼可见物、pH 值、总硬度、溶解性总固体、硫酸盐、氯化物、铁、锰、铜、锌、铝、挥发性酚类、耗氧量、氨氮、钠、亚硝酸盐、硝酸盐、硅酸盐、磷酸盐、溴化物、游离 CO_2、氰化物、氟化物、碘化物、汞、砷、硒、镉、铬（六价）、银、铅、锑等。

5.2.1.2　工业用水质量评价方法、标准及评价指标

按照一般锅炉用水水质要求，依据《工业锅炉水质》（GB/T

1576—2018），主要从成垢作用、起泡作用和腐蚀作用等 3 个方面进行评价，评价标准见表 5-1。

表 5-1　一般锅炉用水质量评价标准

成垢作用				起泡作用		腐蚀作用	
锅垢总量 $(H_0)/$ (g/m^3)	评价结果	硬垢系数 (K_n)	评价结果	起泡系数 $(F)/$ $(mmol/L)$	评价结果	腐蚀系数 $(K_K)/$ $(mmol/L)$	评价结果
$H_0<125$	锅垢很少的水						
$125\leqslant H_0<250$	锅垢少的水	$K_n<0.25$	具有软沉淀物水	$F<60$	不起泡水	$K_K<0$ $K_K+0.0503Ca^{2+}<0$	非腐蚀性水
$250\leqslant H_0\leqslant500$	锅垢多的水	$0.25\leqslant K_n\leqslant0.50$	具有中等沉淀物水	$60\leqslant F\leqslant200$	半起泡水	$K_K<0$ $K_K+0.0503Ca^{2+}>0$	半腐蚀性水
$H_0>500$	锅垢很多的水	$K_n>0.50$	具有硬沉淀物水	$F>200$	起泡水	$K_K>0$	腐蚀性水

5.2.1.3　农业用水质量评价方法、标准及评价指标

农业用水质量依据《农田灌溉水质标准》（GB 5084—2021）进行评价，标准见表 5-2。评价方法是判断某项因子是否超出评价标准，有超标准因子的地下水即评价为不适宜灌溉的水。评价因子见表 5-2。

表 5-2　农田灌溉用水水质基本控制项目标准值

序号	项目类别		作物种类		
			水作	旱作	蔬菜
1	五日生化需氧量（BOD_5）/（mg/L）	≤	60	100	40[a]，15[b]
2	化学需氧量（COD_{Cr}）/（mg/L）	≤	150	200	100[a]，60[b]
3	悬浮物/（mg/L）	≤	80	100	60[a]，15[b]
4	阴离子表面活性剂/（mg/L）	≤	5	8	5

续表 5-2

序号	项目类别		作物种类		
			水作	旱作	蔬菜
5	水温/℃	≤	35		
6	pH 值		5.5~8.5		
7	全盐量/(mg/L)	≤	1 000(非盐碱土地区)，2 000(盐碱土地区)		
8	氯化物(以 Cl⁻ 计)/(mg/L)	≤	350		
9	硫化物(以 S^{2-} 计)/(mg/L)	≤	1		
10	总汞/(mg/L)	≤	0.001		
11	总镉/(mg/L)	≤	0.01		
12	总砷/(mg/L)	≤	0.05	0.1	0.05
13	铬(六价)/(mg/L)	≤	0.1		
14	总铅/(mg/L)	≤	0.2		
15	粪大肠菌群菌/(MPN/L)	≤	40 000	40 000	20 000[a],10 000[b]
16	蛔虫卵数/(个/10L)	≤	20		20[a],10[b]

注:a.加工、烹调及去皮蔬菜。

　　b.生食类蔬菜、瓜类和草本水果。

　　根据本区作物种植情况,以旱作物标准对灌溉用水进行评价。本区水文地质条件适合全盐量放宽条件,全盐量标准放宽至 2 000 mg/L。

5.2.2　地下水质量评价

　　根据评价要求,将本次调查所采集的地下水水样按照地下水分类类别分为浅层地下水、中深层地下水、岩溶水和基岩裂隙水等 4 类,分别按照相关标准进行评价。

5.2.2.1　地下水质量(生活饮用水)评价

1.浅层地下水质量分区评价

1)可直接饮用水区(Ⅰ、Ⅱ、Ⅲ类水区)

该区主要分布于郏县—宝丰、鲁山县—叶县等地,面积约3 550.86 km²,占浅层地下水水质评价区总面积的92.37%。该区没有超标(某因子含量超出《地下水质量标准》(GB/T 14848—2017)或《生活饮用水卫生标准》(GB 5749—2022)规定的Ⅲ类水评价指标的界限值,简称"超标",下同)因子,属Ⅰ、Ⅱ、Ⅲ类水,可直接作为饮用水。

2)适当处理后可饮用水区(Ⅳ类水区)

该区主要分布于宝丰县东南部、鲁山县西南部、叶县北部和舞钢市东北部等地,面积约253.98 km²,占评价区总面积的6.61%。含量超标的主要定类因子有铁、锰、硝酸盐和总硬度。一般有1~2项因子含量超标1~3.30倍,超标倍数不多,经适当处理后,可作为生活饮用水。

3)不宜饮用水区(Ⅴ类水区)

该区主要分布于宝丰县东部和叶县东北部,面积约39.28 km²,占评价区总面积的1.02%。主要定类因子有锰、总硬度、硝酸盐、溶解性总固体、硫酸盐等。一般有1~5项因子含量超标,且超标倍数较多,部分区域水质相当差,不宜饮用。

浅层地下水质量分区见附图3。

2.中深层地下水质量分区评价

1)可直接饮用水区(Ⅰ、Ⅱ、Ⅲ类水区)

该区主要分布于中深层地下水水质评价区的绝大部分区域,面积约2 242.64 km²,占评价区总面积的91.20%。该区无超标因子,属Ⅰ、Ⅱ、Ⅲ类水,可直接饮用。

2)适当处理后可饮用水区(Ⅳ类水区)

该区主要分布于宝丰县北部、鲁山县西南部和舞钢市东南部等地,面积约208.71 km²,占评价区总面积的8.49%。含量超标的主要定类因子有锰、硝酸盐和总硬度。一般有1~3项因子含量超标1~

3.10 倍,超标倍数不多,经适当处理后可以饮用。

3) 不宜饮用水区(V 类水区)

该区主要分布于舞钢市区东部,面积约 7.73 km²,占评价区总面积的 0.31%。含量超标的主要定类因子有浊度、总硬度、硝酸盐、溶解性总固体和锰等。一般有 1~5 项因子含量超标,且超标倍数较多,部分区域水质相当差,不宜饮用。

中深层地下水质量分区见附图 4。

3.岩溶水质量分区评价

1) 可直接饮用水区(I 、II 、III 类水区)

该区主要分布于郏县、宝丰县东南部和市区南部等地,面积约 465.71 km²,占岩溶水水质评价区总面积的 78.66%。该区无超标因子,属 I 、II 、III 类水,可直接饮用。

2) 适当处理后可饮用水区(IV 类水区)

该区主要分布于宝丰县西部、市区东南部,面积约 126.34 m²,占评价区总面积的 21.34%。含量超标的主要定类因子有硝酸盐和总硬度。一般有 1~2 项因子含量超标 1~2 倍,超标倍数不多,经适当处理后可以饮用。

4.基岩裂隙水地下水质量分区评价

全部为可直接饮用水区(I 、II 、III 类水区),主要分布于鲁山县西部基岩山区,面积约 2 008.68 km²。该区没有超标因子,属 I 、II 、III 类水,可直接饮用。

5.2.2.2　工业用水水质评价

1.浅层地下水

1) 成垢作用评价

按照锅垢总量评价标准,将评价区的地下水划分为锅垢很少的水、锅垢多的水和锅垢很多的水等三类。

(1)锅垢很少的水:主要分布于白龟山水库以西及鲁山县沙河河谷地区,面积约 531.66 km²,占浅层地下水水质评价区总面积的 13.83%。

(2)锅垢多的水:主要分布于宝丰县东部林营村至郏县西部新庄

村、叶县水寨一带、舞钢市北部枣林等地,面积约 318.69 km², 占浅层地下水水质评价区总面积的 8.29%。

(3)锅垢很多的水:主要分布于郏县、宝丰、市区、叶县大部分地区,面积约 2 993.92 km², 占浅层地下水水质评价区总面积的 77.88%。

按照硬垢系数评价标准将评价区的地下水划分为具有中等沉淀物水和具有硬沉淀物水等两类。

(1)具有中等沉淀物水:主要分布于叶县—张营—保安以东区域,面积约 1 277.07 km², 占浅层地下水水质评价区总面积的 33.22%。

(2)具有硬沉淀物水:主要分布于叶县—张营—保安以西、鲁山沙河河谷等地区,面积约 2 567.05 km², 占浅层地下水水质评价区总面积的 66.78%。

2)起泡作用评价

按照起泡系数评价标准将评价区地下水划分为不起泡水、半起泡水和起泡水等三类。

(1)不起泡水:主要分布于鲁山县张良镇一带,面积约 368.66 km², 占浅层地下水水质评价区总面积的 9.59%。

(2)半起泡水:主要分布于郏县、宝丰、市区、叶县等县(市)的大部分区域,面积约 3 443.70 km², 占浅层地下水水质评价区总面积的 89.58%。

(3)起泡水:在宝丰县南部、叶县小辛庄零星分布,面积约 31.91 km², 占浅层地下水水质评价区总面积的 0.83%。

3)腐蚀作用评价

按照腐蚀系数评价标准,评价区浅层地下水均具有半腐蚀性。

综上所述,浅层地下水质量较差,主要为锅垢很多、多,具有中等、硬沉淀物,起泡、半起泡、半腐蚀性的水,不宜直接作为一般锅炉用水使用,应经过滤等工艺处理后,方可作为工业用水(一般锅炉用水)使用。

2.中深层地下水

1)成垢作用评价.

按照锅垢总量评价标准将评价区的地下水划分为锅垢很少的水、锅垢少的水、锅垢多的水和锅垢很多的水等四类。

(1)锅垢很少的水:主要分布于鲁山东南张良镇及叶县西部,面积约 202.45 km^2,占中深层地下水水质评价区总面积的 8.69%。

(2)锅垢少的水:主要分布于市区、叶县、鲁山大部分区域,面积约 1 296.53 km^2,占中深层地下水水质评价区总面积的 55.68%。

(3)锅垢多的水:主要分布于郏县大部、叶县东北部及舞钢南部,面积约 700.02 km^2,占中深层地下水水质评价区总面积的 30.07%。

(4)锅垢很多的水:仅分布于宝丰县北部,面积约 129.35 km^2,占中深层地下水水质评价区总面积的 5.56%。

按照硬垢系数评价标准将评价区的地下水划分为具有软沉淀物水、具有中等沉淀物水和具有硬沉淀物水等三类。

(1)具有软沉淀物水:分布于中深层地下水水质评价区的大部分区域,面积约 1 938.38 km^2,占中深层地下水水质评价区总面积的 83.25%。

(2)具有中等沉淀物水:主要分布于叶县东北部、郏县南部、宝丰西北部、舞钢东北部等地,面积约 130.57 km^2,占中深层地下水水质评价区总面积的 5.61%。

(3)具有硬沉淀物水:主要分布于宝丰北部、鲁山南部等地,面积约 259.40 km^2,占中深层地下水水质评价区总面积的 11.14%。

2)起泡作用评价

按照起泡系数评价标准将评价区地下水划分为不起泡水、半起泡水和起泡水等三类。

(1)不起泡水:主要分布于郏县、鲁山县、叶县东北部等地,面积约 1 958.64 km^2,占中深层地下水水质评价区总面积的 84.12%。

(2)半起泡水:主要分布于郏县西部、叶县南部及东北部等地,面积约 268.99 km^2,占中深层地下水水质评价区总面积的 11.55%。

(3)起泡水:主要分布于叶县西部、舞钢北部等地,面积约

100.72 km^2,占中深层地下水水质评价区总面积的 4.33%。

3)腐蚀作用评价

按照腐蚀系数评价标准将评价区地下水划分为非腐蚀性水和半腐蚀性水等两类。

(1)非腐蚀性水:主要分布于叶县西部、郏县东部等地,面积约 425.50 km^2,占中深层地下水水质评价区总面积的 18.27%。

(2)半腐蚀性水:分布在研究区大部,面积约 1 902.25 km^2,占中深层地下水水质总面积的 81.73%。

综上所述,中深层地下水为锅垢少、锅垢多,具有中等沉淀物、软沉淀物,起泡、半起泡、半腐蚀性水,基本适用于工业用水,但考虑到锅垢多的水约占 30%,具有中等、硬沉淀物水约占 17%,起泡水和半起泡水约占 16%,在实际使用中应加以注意。

5.2.2.3　农业用水水质评价

按照农业用水评价标准,评价全区浅层地下水均适用于农田灌溉。因中深层地下水、岩溶水、基岩裂隙水资源有限,不宜作为农业用水,故不再进行农业用水水质评价。

第6章　地下水开发利用现状及潜力评价

6.1　地下水开发利用现状

6.1.1　浅层地下水开发利用现状

6.1.1.1　农业灌溉用水开采现状

平顶山市河谷及平原区共有规模以上供水的机电井约 32 500 眼，开采量为 19 050.71 万 m^3/a，有效灌溉面积约 158.86 万亩。

6.1.1.2　分散式用水开采现状

主要为村民自建的人畜用水井和部分厂矿自建的工业用水井。根据现状调查资料，并结合平顶山市水资源公报、水利统计年报等相关资料，评价区现有村民自建供水井约 17 500 眼，开采量为 1 916.15 万 m^3/a；厂矿自备供水井约 544 眼，开采量为 1 584.96 万 m^3/a。

6.1.2　中深层地下水开发利用现状

6.1.2.1　城市集中供水工程水源井开采现状

现状条件下，汝州市和叶县的城市集中供水工程仍在开采中深层地下水，其中，汝州市共有中深层地下水开采井及备用井约 20 眼，正常供水能力约 2.5 万 m^3/d，合计为 915 万 m^3/a；叶县共有中深层地下水开采井及备用井约 12 眼，正常供水能力约 1.2 万 m^3/d，合计为 441 万 m^3/a。

6.1.2.2　农村安全饮水工程水源井开采现状

研究区内现有农村安全饮水工程供水井约 577 眼，开采量为 1 426.53万 m^3/a。

6.1.2.3　企事业单位自备水源井开采现状

评价区内现有以中深层地下水为水源的各类自备井约 320 眼,开采量为 1 103.28 万 m³/a。

6.1.3　基岩山区地下水开发利用现状

6.1.3.1　煤矿集中开采区矿井疏干排水开采现状

现状条件下,平顶山市煤矿集中开采区内有在产矿山 14 座,矿井疏干排水量为 3 222.23 万 m³/a。

6.1.3.2　农村安全饮水工程水源井开采现状

基岩山区现有农村安全饮水工程供水井约 408 眼,开采量为 935.76 万 m³/a。

6.2　地下水开发利用潜力评价

在平顶山市的地下水资源中,松散岩类孔隙水的资源量最大,开发利用程度最高,存在亟待解决的问题最多,对全市经济社会发展的影响最大,又是本次调查评价工作的重点研究对象,故将重点对其开发利用潜力进行分区评价,为制定开发利用规划方案奠定基础。基岩山区地下水的调查评价工作程度相对较低,除煤矿集中开采区矿井疏干排水的开采强度较大外,其他区域地下水的开采强度较低,且本次仅对其资源量和开采量进行了概算,不完全具备分区评价条件,故仅对其开发利用潜力进行概略评价。

6.2.1　评价方法

通过前述工作,已经取得了研究区内松散岩类孔隙水的年均可开采资源量和实际开采量等详细数据,依据《地下水超采区评价导则》(GB/T 34968—2017)和《地下水合理开发利用与保护规划编制技术大纲》,经过对比和分析,确定采用开采系数法,以水文地质和水资源量计算分区作为评价单元进行开发利用潜力评价。

$$k = Q_开 / Q_{可开} \tag{6-1}$$

式中 k——地下水开采系数；

$\quad Q_{\text{开}}$——计算时段内年均地下水实际开采量，万 m^3/a；

$\quad Q_{\text{可开}}$——计算时段内年均地下水可开采量，万 m^3/a。

6.2.2 评价标准

以地下水开采系数 k 作为评价指标进行开发利用潜力评价，标准如下：

（1）当 $k>1.3$ 时，开采潜力严重不足，已严重超采；

（2）当 $1.0<k\leqslant1.3$ 时，开采潜力不足，已超采；

（3）当 $0.90<k\leqslant1.0$ 时，采补基本平衡，临近超采；

（4）当 $0.75\leqslant k\leqslant0.90$ 时，略有开采潜力，不宜持续扩大开采规模；

（5）当 $k<0.75$ 时，有较大开采潜力，可适当扩大开采规模。

6.2.3 评价结果

6.2.3.1 浅层地下水

根据浅层地下水的现状开采量和可开采量计算结果，按照上述方法计算浅层地下水各计算分区的开采系数，并对其开发利用潜力进行评价，结果为：评价期浅层地下水各计算分区的开采系数为 0.09~0.99，其中，开采系数为 0.90~1.0 的计算分区共有 6 个，分别是 I_5、II_7、III_3、IV_2、IV_5 和 IV_6，评价为采补基本平衡；开采系数为 0.75~0.90 的计算分区共有 5 个，分别是 I_6、II_1、II_4、II_5 和 IV_3，评价为略有开采潜力；开采系数小于 0.75 的计算分区共有 14 个，分别是 I_1、I_2、I_3、I_4、I_7、I_8、II_2、II_3、II_6、II_8、III_1、III_2、IV_1 和 IV_4，评价为有较大开采潜力（见表6-1）。在多年平均条件下，全区浅层地下水开采系数为 0.66，总体处于有较大开采潜力状态，但区域分布不均，局部区域已处于临近超采状态。

根据评价结果，绘制浅层地下水开发利用潜力分区图，将评价区进一步划分为有较大开采潜力区、略有开采潜力区和采补基本平衡区，见附图5。

表 6-1　浅层地下水开发利用潜力评价结果

分区编号	面积/km²	$Q_{现开}$/(万 m³/a)			$Q_{可开}$/(万 m³/a)	开采系数	评价结果
		工业及人畜生活用水量	农田灌溉用水量	小计			
I₁	363.71	410.99	415.07	826.06	3 493.82	0.24	有较大开采潜力
I₂	267.91	193.70	2 076.87	2 270.57	3 674.22	0.62	有较大开采潜力
I₃	256.93	185.76	1 639.38	1 825.14	3 216.09	0.57	有较大开采潜力
I₄	250.02	180.76	1 577.60	1 758.36	2 868.86	0.61	有较大开采潜力
I₅	346.26	213.64	3 106.95	3 320.59	3 648.09	0.91	采补基本平衡
I₆	104.16	75.30	805.83	881.13	1 053.65	0.84	略有开采潜力
I₇	35.17	25.43	0	25.43	290.61	0.09	有较大开采潜力
I₈	30.67	22.17	0	22.17	256.80	0.09	有较大开采潜力
II₁	173.27	125.27	1 209.09	1 334.36	1 503.98	0.89	略有开采潜力
II₂	58.36	46.51	297.32	343.83	502.14	0.68	有较大开采潜力
II₃	61.82	65.96	154.74	220.70	581.77	0.38	有较大开采潜力
II₄	397.82	287.62	3 050.58	3 338.20	3 925.34	0.85	略有开采潜力
II₅	3.84	2.77	234.15	236.92	273.83	0.87	略有开采潜力
II₆	598.03	432.37	1 157.08	1 589.45	2 315.89	0.69	有较大开采潜力
II₇	90.64	65.53	831.21	896.74	977.80	0.92	采补基本平衡
II₈	22.29	16.11	79.48	95.59	179.72	0.53	有较大开采潜力
III₁	19.41	14.03	38.25	52.28	91.61	0.57	有较大开采潜力
III₂	234.57	169.59	370.66	540.25	1 062.44	0.51	有较大开采潜力
III₃	114.49	82.77	558.52	641.29	651.65	0.98	采补基本平衡
IV₁	268.97	244.76	566.96	811.72	1 188.83	0.68	有较大开采潜力
IV₂	57.89	41.85	208.05	249.90	251.92	0.99	采补基本平衡
IV₃	10.03	7.25	40.83	48.08	58.86	0.82	略有开采潜力
IV₄	281.54	450.46	17.22	467.68	1 152.67	0.41	有较大开采潜力

续表 6-1

分区编号	面积/km²	Q现开/（万 m³/a）			Q可开/（万 m³/a）	开采系数	评价结果
		工业及人畜生活用水量	农田灌溉用水量	小计			
Ⅳ₅	72.23	52.22	249.12	301.34	327.35	0.92	采补基本平衡
Ⅳ₆	122.11	88.29	365.74	454.03	484.25	0.94	采补基本平衡
合计	4 242.14	3 501.11	19 050.70	22 551.81	34 032.19	0.66	有较大开采潜力

（1）有较大开采潜力区：主要分布在河流冲积平原和部分山前倾斜平原，面积 2 749.40 km²。其中 Ⅰ₁、Ⅰ₂、Ⅰ₃、Ⅰ₄、Ⅰ₇、Ⅰ₈ 等 6 个区属于汝河、沙河（河谷）冲积平原区，河水与地下水之间的水力联系密切，现状条件下地下水主要接受降水入渗补给，在开采条件下，可以激发河水的侧渗补给；Ⅱ₂、Ⅱ₃、Ⅱ₆、Ⅱ₈、Ⅲ₁、Ⅲ₂、Ⅳ₁ 和 Ⅳ₄ 等 8 个区属于山前倾斜平原，地下水易接受山前侧渗及地表河流补给，现状条件下地下水主要接受大气降水入渗补给，在开采条件下，可以激发山前侧渗补给及河水侧渗补给；目前上述区内仅散布少量自备井和农灌机井，具备较大的开采潜力。

（2）略有开采潜力区：主要分布在舞钢东北部（Ⅰ₆）、汝州北部（Ⅱ₁）、宝丰东部（Ⅱ₄）、鲁山县让河—张良一带（Ⅱ₅）和昭平台水库西侧（Ⅳ₃）等区域，面积 689.12 km²。该区内地下水主要接受大气降水入渗补给，地下水侧向径流条件一般，主要为农业灌溉开采、工业及人畜生活用水开采。由于其水文地质条件较平原区差，砂层厚度一般为 8~15 m，地表降水入渗补给河谷平原区，区内水位埋深 15~20 m，开采强度接近采补平衡状态，开采潜力相对较小。

（3）采补基本平衡区：主要分布在市区北部（Ⅲ₃）、宝丰县城区南部（Ⅳ₂）、叶县县城（Ⅰ₅）、舞钢市北部和西南部（Ⅱ₇、Ⅳ₅、Ⅳ₆）等区域，面积 803.62 km²。由于该区域多分布在县城或乡镇，人口密度大，居民生活及工业用水量较大，开采强度已接近超采状态，无开采潜力。

6.2.3.2　中深层地下水

根据中深层地下水的现状开采量和可开采量计算结果，按照上述方法计算中深层地下水各计算分区的开采系数，结果为：评价期中深层地下水各计算分区的开采系数为 0.35~0.91,其中开采系数大于 0.75、小于 1.0 的计算分区共有 8 个,分别是 I_1、I_2、I_3、I_4、II_1、II_4、II_5 和 II_{11};开采系数小于 0.75 的计算分区共有 8 个,分别是 I_5、II_2、II_3、II_6、II_7、II_8、II_9 和 II_{10}。结合中深层地下水开发利用与保护实际,在进行开采潜力评价时,将开采系数小于 0.75 的区域评价为有开采潜力;将开采系数为 0.75~0.91 的区域评价为采补基本平衡(见表6-2)。在多年平均条件下,全区中深层地下水开采系数为 0.80,总体处于采补基本平衡状态,基本上无较大开采潜力。

根据评价结果绘制中深层地下水开发利用潜力分区图,将评价区进一步划分为有开采潜力区和采补基本平衡区,见附图6。

(1)有开采潜力区:主要分布在舞钢市北部(I_5)、郏县北部安良镇一带(II_2)、汝州市西南部(II_3)、宝丰县大营镇、商酒务镇一带(II_6)、鲁山县东北部(II_7)、鲁山县西部昭平台水库西侧(II_8)、叶县南部(II_9)、舞钢市北部安寨乡一带(II_{10}),面积 814.25 km²。该区域远离城区,人口密度较小,用水需求相对较小,可开采资源量较大,总体上开采潜力较大。

(2)采补基本平衡区:主要分布在汝州市北汝河河谷一带(I_1)、郏县北汝河河谷一带(I_2)、鲁山沙河冲积平原(I_3)、叶县沙河冲积平原(I_4)、汝州—郏县北部山前倾斜平原(II_1)、汝州市西南部尚寨(II_4)、宝丰县东北部赵庄、周营一带(II_5)、舞钢市北部枣林一带(II_{11}),面积 1 994.44 km²。该区域内人口密度大,工业及人畜生活用水需求量大。现状条件下中深层地下水处于采补平衡状态,可开采资源量尚能满足用水需求。

表 6-2　中深层地下水开发利用潜力评价结果

区号	面积/km²	$Q_{现开}$/ (万 m³/a)	$Q_{可开}$/ (万 m³/a)	开采系数 k	评价结果
I_1	319.69	517.50	565.79	0.91	采补基本平衡
I_2	313.88	757.74	896.71	0.85	采补基本平衡
I_3	306.5	436.62	552.15	0.79	采补基本平衡

续表 6-2

区号	面积/km²	$Q_{现开}/$（万 m³/a）	$Q_{可开}/$（万 m³/a）	开采系数 k	评价结果
I₄	651.56	705.92	875.24	0.81	采补基本平衡
I₅	105.31	173	245.66	0.70	有开采潜力
II₁	208.31	356.90	408.20	0.87	采补基本平衡
II₂	34	98.50	143.39	0.69	有开采潜力
II₃	8.31	21.90	30.63	0.71	有开采潜力
II₄	8.94	25.17	32.41	0.78	采补基本平衡
II₅	94.06	202.04	243.05	0.83	采补基本平衡
II₆	30.19	21.90	59.56	0.37	有开采潜力
II₇	5.69	10.95	31.06	0.35	有开采潜力
II₈	14.25	8.01	10.85	0.74	有开采潜力
II₉	594.19	432.54	596.02	0.73	有开采潜力
II₁₀	22.31	9.52	15.60	0.61	有开采潜力
II₁₁	91.5	107.60	127.28	0.85	采补基本平衡
合计	2 808.69	3 885.81	4 833.60	0.80	采补基本平衡

6.2.3.3 基岩山区地下水

现状水平年,基岩山区地下水资源的储量较大,总资源量为 32 258.35 万 m³/a,可开采资源量为 19 355.01 万 m³/a,实际开采量为 4 157.99 万 m³/a,因该区域地形地貌主要为山地和丘陵,人口密度较小,用水需求相对较小,开发利用强度总体较低。该区地下水的开采主要由矿井疏干排水开采和农村生活用水两部分组成,其中煤矿集中开采区矿井疏干排水开采量为 3 222.23 万 m³/a,主要开采的是碳酸盐岩类裂隙岩溶水,开采井分布相对较为集中,开采强度较大,为持续性开采,矿区及其周边水位呈持续下降趋势,对周边生态地质环境的影响较大;农村生活用水开采量为 935.76 万 m³/a,主要开采的是碎屑岩类裂隙孔隙水、基岩裂隙水和碳酸盐岩类裂隙岩溶水,开采井主要以村庄为单位分布,开采强度较小,为间歇性开采,对周边生态地质环境的影响较小。

6.3　地下水开发利用过程中存在的问题

地下水资源作为平顶山市水资源的重要组成部分,对全市社会经济的发展发挥着十分重要的作用。但近年来地下水在开发利用过程中暴露出的问题也同样突出,主要表现在以下几个方面。

6.3.1　管理体制不顺,节水投入不足

地下水资源管理仍然存在着“城乡分割”“政出多门”的局面,水质与水量管理不统一,不同管理机构功能重叠,地下水资源的开发利用缺乏科学系统的管理规划。在节水工程建设投入方面,工业节水尚未形成固定投资渠道,农业节水投资仅限于大型灌区续建配套及骨干工程,支渠以下渠系无投资来源,无法进行配套完善,灌溉效益不能充分发挥。

6.3.2　资源短缺,供需矛盾突出

由于经济社会的快速发展,地下水水质污染、地下水超采等问题日益突出,治理难度加大,地下水环境总体状况呈现恶化趋势,水质性资源短缺问题依然突出。加之近年来极端天气增多,水旱问题变得更加复杂,地下水资源供需矛盾日益显现。

6.3.3　开发利用困难,用水效率不高

地下水资源时空分布不均,降水及径流的年内分配集中在夏季,连丰、连枯年份交替出现,开发利用困难。同时,地下水资源利用及效率不高,工业用水重复利用率、农业灌溉水利用系数处于全国较低水平。

6.3.4　地下水监测、监管体系不完善

平顶山市地下水监测工作由国土和水利部门共同承担,正常运行的地下水监测井数量不能满足日常监测工作需要,特别是中深层地下水监测井的数量十分有限,仅有 1 眼,且大部分监测站点的监测设备陈旧,技术落后,区位分布不均,主要集中在城镇区及其周边,广大农村地区数量稀少。研究区内的城镇及其周边无证开采地下水的情况普遍存在;浅层和中深层混合开采的情况也较多,主要集中在一些建设较早的水源地和用于农田灌溉的机民井。

第 7 章　地下水资源保护

7.1　保护方案

本次保护方案的制订,以保护地下水环境和水质为中心,充分考虑地下水系统对外界干扰的响应具有滞后性及遭到破坏后治理修复难度大的特点,将人类活动较为集中的城镇区及其周边作为规划的重点区域,坚持"保护优先、预防为主、标本兼治"的工作方针,重点做好三个方面的工作:第一,充分利用工程技术手段对地下水位持续下降区进行综合治理,逐步改善地下水环境,避免引发水质污染、地面沉降、地面塌陷等生态地质环境问题;第二,持续加强土壤、地表水、浅层地下水污染的综合防治,切断污染源向下运移的通道,加强地下水取水设施和取水过程的防污控制,防止中深层地下水水质受到人为污染;第三,完善地下水资源保护制度、措施和办法,加大宣传工作的广度和深度,逐步增强公众的水资源保护意识。

7.1.1　浅层地下水资源保护方案

7.1.1.1　保护区划分

根据浅层地下水资源保护目标要求,综合考虑浅层地下水资源的数量、质量、开发利用状况,以及含水层的环境容量、地质灾害承载能力等多种因素,本着"保护优先、合理开发、可持续利用"的原则,将保护区划分为已受污染区和易受污染区,见附图 7。

1.已受污染区

已受污染区指现状开发利用条件下,地下水水质已经受到人类活动的影响,出现了地下水水质恶化现象的区域。主要分布于汝河北岸宝丰县至郏县段、宝丰县城东南部、鲁山县张良镇、叶县中部和东北部、舞钢市东北部,面积约 293.26 km²。地下水质量类别为Ⅳ类、Ⅴ类,主要超标因子为铁、锰、总硬度、硝酸盐、硫酸盐、溶解性总固体和总硬度等,水质状况总体较差。

2.易受污染区

易受污染区指现状条件下,地下水水质良好,但在持续人工开采条件下,容易引起地面沉降、地面塌陷、水质污染等灾害的区域。主要分布于郏县—宝丰、鲁山县—叶县等地,面积约 3 550.86 km²。地下水质量类别为Ⅰ~Ⅲ类,无超标因子,水质状况总体较好,但存在受到污染的风险。

7.1.1.2　总体保护方案

(1)近期(2019~2022 年),采取必要的工程措施,对浅层地下水超采区进行治理,初步遏制水位持续下降态势,控制超采规模;逐步对已经受到污染的地表水和浅层地下水的水质进行综合治理,初步遏制污染源沿横向和纵向向周边或地下扩散的态势;提升取水水源井的施工质量,做到取水过程无污染,保持现状水质不恶化;初步建立浅层地下水资源保护体系。

(2)远期(2023~2030 年),完成对浅层地下水超采区的治理,完善管理措施,杜绝超采现象再次出现;控制污染源进一步扩散;实现重点区域地下水水质显著改善;以保持水质和水环境不恶化为基准,建立完善的浅层地下水资源保护体系。

7.1.1.3　分区保护方案

1.已受污染区

该区水资源保护工作的首要任务是针对存在的污染隐患分项制订应对措施和治理方案,其次是注重水源和水环境的保护。应尽快开展地下水污染详细调查工作,查明受污染区域的分布、污染物的类别、污染程度、运移路径、扩散趋势等基本情况,为制订治理措施和方案提供技术依据;尽快采取防止污染物进一步扩散的措施,有效控制污染源。该区水质状况总体较差,应切实改善生态环境、加强水资源的保护,采取有效的水生态治理措施,防止浅层地下水水质进一步恶化,并逐步改善水质。2022 年的水质保护目标为遏制水质恶化趋势,保持现状水质标准;2030 年的水质保护目标为在保持现状水质标准的基础上,水质得到基本改善,全部达到Ⅳ类或优于Ⅳ类的标准。

2.易受污染区

该区水资源保护工作的主要任务是切实加强水源和水环境的保护。该区现状条件下的开采强度较大,应结合开发利用规划方案,综合采取限采、压采、水源替代等工程措施进行有效控制,逐步改善地下水环境,防止水质污染。该区水质状况总体较好,但存在受到污染的风险,应加强保护,2022 年和 2030 年的水质保护目标均为保持现状水质标准。

7.1.2　中深层地下水资源保护方案

7.1.2.1　中深层地下水防污性能评价

1.评价模型及影响因子的选择

中深层地下水含水层通常位于浅层地下水含水层和隔水层之下,一般情况下,不容易受到污染,影响其防污性能的因子相对比较简单,根据区域水文地质条件,充分考虑评价对象的特殊性,经过反复比较,确定选用 DLCT 模型进行中深层地下水防污性能的评价。该模型中参与评价的影响因子主要有 4 个,分别是:D,含水层埋深;L,隔水层岩性;C,隔水层的连续性;T,隔水层厚度,选择以上这些因子,主要是考虑上层受污染潜水中的污染物向下迁移的难易程度。潜水的污染一般集中在上部,如果中深层地下水含水层的埋深较大,就增加了污染潜水进入中深层地下水含水层的难度;隔水层的岩性、连续性和厚度这 3 个因子主要考虑污染潜水向下运移的问题,隔水层不连续,污染物就很容易通过天窗越流进入中深层地下水含水层,隔水层颗粒较粗或厚度较小,污染物就比较容易通过层间越流进入中深层地下水含水层。

2.评价方法

1)影响因子权重值的确定

按照各因子对防污性能影响的大小赋予权重值,影响最大的权重值为 5,影响最小的权重值为 1,具体分配如下:含水层埋深(D),

权重值为5;隔水层岩性(L),权重值为4;隔水层的连续性(C),权重值为5;隔水层厚度(T),权重值为4。

2)影响因子的评分标准

各因子的评分范围均为5~10。防污性能越好,分值越低;防污性能越差,分值越高(见表7-1)。

表7-1 DLCT评价模型中各因子的类别及评分标准

含水层埋深(D)		隔水层岩性(L)		隔水层的连续性(C)		隔水层厚度(T)	
埋深/m	评分	岩性	评分	连续性	评分	厚度/m	评分
$D<40$	10	粉砂	10	不连续	10	$T<2$	10
$40 \leqslant D<60$	9	粉土夹砂土	9	连续	5	$2 \leqslant T<4$	9
$60 \leqslant D<80$	8	粉土	8	—	—	$4 \leqslant T<6$	8
$80 \leqslant D<100$	7	粉质黏土	7	—	—	$6 \leqslant T<8$	7
$100 \leqslant D \leqslant 120$	6	黏土	6	—	—	$8 \leqslant T \leqslant 10$	6
$D>120$	5	—	—	—	—	$T>10$	5

3)防污性能指数的计算

防污性能指数(DI)的计算公式如下:

$$DI = 5D + 4L + 5C + 4T \tag{7-1}$$

式中 D、L、C、T——各影响因子的评分值。

4)防污性能分级标准

DI值的范围为94~180。DI值越高,防污性能越差;DI值越低,防污性能越好。防污性能共划分为4级,判定标准如下:

Ⅰ级,DI<120,防污性能很好;

Ⅱ级,120≤DI<140,防污性能好;

Ⅲ级,140≤DI<160,防污性能中等;

Ⅳ级,160≤DI<180,防污性能差。

3.评价结果

依据上述评价方法,以水文地质和水资源计算分区作为评价单元,对中深层地下水的防污性能进行分区评价,评价结果表明,防污性能指数(DI)为113~159,其中,防污性能很好的有5个单元,分别是 I_5、II_2、II_8、II_{10}、II_{11},DI值为113~117;防污性能好的有4个单元,分别是 II_3、II_4、II_6、II_7,DI值为121~134;防污性能中等的有7个单元,分别是 I_1、I_2、I_3、I_4、II_1、II_5、II_9,DI值为146~159。评价结果见表7-2。

表7-2　平顶山市中深层地下水防污性能评价结果

评价分区	含水层埋深(D)		隔水层岩性(L)		隔水层的连续性(C)		隔水层厚度(T)		DI值	评价结果
	埋深/m	评分	岩性	评分	连续性	评分	厚度/m	评分		
I_1	65	8	粉土夹砂土	9	不连续	10	15	5	146	中等
I_2	65	8	粉土夹砂土	9	不连续	10	15	5	146	中等
I_3	60	8	粉土夹砂土	9	不连续	10	10	6	150	中等
I_4	65	8	粉土夹砂土	9	不连续	10	15	5	146	中等
I_5	70	8	粉质黏土	7	连续	5	20	5	113	很好
II_1	55	9	粉质黏土	7	不连续	10	5	5	155	中等
II_2	70	8	粉质黏土	7	连续	5	20	5	113	很好
II_3	55	9	粉质黏土	7	连续	5	5	8	130	好
II_4	55	9	粉质黏土	7	连续	5	5	8	130	好
II_5	55	9	粉土	8	不连续	10	5	8	159	中等
II_6	60	8	粉土	8	连续	5	10	6	121	好
II_7	55	9	粉土	8	连续	5	5	8	134	好
II_8	60	8	粉质黏土	7	连续	5	10	6	117	很好
II_9	65	8	粉土夹砂土	9	不连续	10	15	5	146	中等
II_{10}	70	8	粉质黏土	7	连续	5	20	5	113	很好
II_{11}	70	8	粉质黏土	7	连续	5	20	5	113	很好

7.1.2.2　保护区划分

根据中深层地下水资源保护目标要求,以水文地质和水资源计算分区作为基本单元,综合考虑中深层地下水资源的数量、质量、开

发利用状况,以及含水层的防污性能、环境容量、地质灾害承载能力
等多种因素,本着"保护优先、开发次之、可持续利用"的原则,将保护
区划分为易受污染区和未受污染区,见附图 8。

1.易受污染区

易受污染区指现状条件下,地下水水质良好,但在持续人工开采
条件下,容易引起地面沉降、地面塌陷、水质污染等灾害的区域。主
要由 I_1、I_2、I_3、I_4、II_1、I_5、II_9 和 II_{11} 等 8 个亚区组成,覆盖规划
区的绝大部分区域,面积约 2 578.69 km^2。地下水质类别主要为 I ~
III 类,局部为 IV 类、V 类,主要超标因子为锰、总硬度、溶解性总固体
和硝酸盐等(见表 7-3),主要是由形成地下水的水文地质条件引起
的,是原生的,水质状况总体一般。

表 7-3　平顶山市中深层地下水保护规划分区

规划分区	亚区	水质现状	主要超标因子及超标原因
易受污染区	I_1	汝州市区域未进行水质评价,宝丰县区域水质主要为 IV 类	锰、硝酸盐和总硬度,地质原生
	I_2	I ~ III 类	无
	I_3	I ~ III 类,局部 IV 类	锰、硝酸盐和总硬度,地质原生
	I_4	I ~ III 类	无
	II_1	汝州市区域未进行水质评价,宝丰县区域为 IV 类,郏县区域为 I ~ III 类	锰、硝酸盐和总硬度,地质原生
	II_5	宝丰县区域为 IV 类,郏县区域为 I ~ III 类	锰、硝酸盐和总硬度,地质原生
	II_9	I ~ III 类	无
	II_{11}	IV 类、V 类	锰、总硬度、溶解性总固体和硝酸盐,地质原生

续表 7-3

规划分区	亚区	水质现状	主要超标因子及超标原因
未受污染区	I_5	I ~ III类	无
	II_2	I ~ III类	无
	II_3	汝州市区域未进行水质评价	
	II_4	汝州市区域未进行水质评价	
	II_6	I ~ III类	无
	II_7	I ~ III类	无
	II_8	I ~ III类	无
	II_{10}	I ~ III类	无

2.未受污染区

未受污染区指现状条件下,地下水水质良好,并且具备一定的环境容量,在轻度的人工开采条件下,不易发生地下水水质恶化现象的区域。主要由 I_5、II_2、II_3、II_4、II_6、II_7、II_8 和 II_{10} 等 8 个亚区组成,主要分布于规划区内的山前冲积平原地带,分散性较大,面积约 229 km^2。地下水质类别为 I ~ III类(见表 7-3),水质较好。

7.1.2.3　总体保护方案

(1)在规划区内,对中深层地下水水源井,特别是对生活饮用水供水井的出水水质进行全面核查,切实摸清中深层地下水的水质状况。对于水质为 I、II、III类的地下水可以直接作为生活饮用水水源;水质为IV类的地下水须经适当处理后方可作为生活饮用水水源;水质为V类的地下水不宜作为生活饮用水水源,应及时更换水源或对水源井进行改造,确保供水水质达标。

(2)近期(2019~2022 年),采取必要的工程措施,对中深层地下水超采区进行治理,初步遏制水位持续下降态势,控制超采规模;逐步对地表水和浅层地下水水质污染进行综合治理,初步遏制污染源由浅层向中深层扩散的态势;在集中供水水源地和安全饮水工程周边划设水源保护区,排查并清理保护区内存在的所有污染源;提升水源井的施工质量,做到取水过程无污染,保持现状水质不恶化;初步建立中深层地下水资源保护体系。

(3)远期(2023~2030年),完成对中深层地下水超采区的治理,完善管理措施,杜绝超采现象再次出现;控制污染源由浅层向中深层扩散;实现集中式地下饮用水水源地和安全饮水工程水质全面达标,重点区域地下水水质显著改善;以保持水质和水环境不恶化为基准,建立完善的中深层地下水资源保护体系。

7.1.2.4　分区保护方案

1.易受污染区

该区水资源保护工作的首要任务是针对存在的污染隐患分项制订应对措施和治理方案,其次是注重水源和水环境的保护。该区现状条件下的开采强度较大,应结合开发利用规划方案,综合采取限采、压采、水源替代等工程措施进行有效控制,逐步改善地下水环境,防止水质污染。I_1、I_3、II_1、II_5和II_{11}等5个亚区现状条件下虽然存在锰、总硬度、溶解性总固体和硝酸盐等的超标问题,但主要是由形成地下水的水文地质条件引起的,属于原生的。此外,该区水质状况总体较好,应加强保护,2022年和2030年的水质保护目标均为保持现状水质标准。

2.未受污染区

该区水资源保护工作的重点是加强对水源和水环境的保护。应加强对地表和浅层污染源的管控和防治,防止其对中深层地下水环境和水质产生不利影响。该区现状水质很好,为Ⅰ~Ⅲ类水,应全面实施水环境、水源和水质保护工程,确保2022年和2030年均保持现状水质标准,并持续向好。

7.1.3　基岩山区地下水资源保护方案

7.1.3.1　保护区划分

根据基岩山区地下水的赋存特征,综合考虑其数量、质量、开发利用状况,以及水环境容量、地质灾害承载能力等多种因素,本着"保护优先、限制开发"的原则,将保护区全部划分为未受污染区,主要分布于汝州市北部和南部的山区、郏县北部和南部的山区、宝丰县西部和南部的山区、鲁山县西部和南部的山区、叶县西南部的山区、舞钢市西北部和东南部的山区,面积约 3 639.91 km²。地下水质类别主要为Ⅰ~Ⅲ类,局部(宝丰县西部和市区东南部)为Ⅳ类,水质状况总体较好。

7.1.3.2　总体保护方案

(1)近期(2019~2022 年),采取必要的工程措施,对已经受到污染的地表水水质进行综合治理,初步遏制污染源沿纵向向地下扩散的态势;严格控制开采规模,除居民日常生活必需的生活用水开采外,严禁开采基岩山区地下水另作他用;提升取水水源井的施工质量,做到取水过程无污染,保持现状水质不恶化。

(2)远期(2023~2030 年),完成对地表生态环境的综合整治,实现对各类污染源的有效管控;以保持水质和水环境不恶化为基准,建立完善的山区地下水资源保护体系。

7.1.3.3　分区保护方案

该区水资源保护工作的重点是加强对水源和水环境的保护。应加强对地表污染源的管控和防治,防止其对地下水环境和水质产生不利影响。该区现状水质很好,主要为Ⅰ~Ⅲ类水,应全面实施水环境、水源和水质保护工程,确保 2022 年和 2030 年均保持现状水质标准,并持续向好。

7.2 保护措施

7.2.1 工程措施

7.2.1.1 地下水水质保护工程

地下水通过土壤和岩土层与地表水存在着水力联系,具有一定的封闭性,一般情况下流动缓慢。鉴于其自身特点,与地表水相比,地下水不易受到污染,但一旦受到污染,其对环境的危害会更大,后期治理和恢复的难度也会更大,即使彻底切断污染源,其水质恢复的周期也会相当漫长,往往需要几十年甚至上百年的时间。因此,全社会必须高度重视,立足水质现状,及早采取预防措施,实施水质保护工程,防止水质污染。

1.污染源调查

对规划区可能对地下水造成污染或存在潜在污染风险的各类污染源进行详细调查并建立档案,在综合分析的基础上选定评价标准,评估各污染源对环境的危害程度及其潜在危险,确定各区域的重点控制对象(主要污染源和主要污染物)和控制方法。

2.固体废弃物集中处理工程

固体废弃物主要包括工业废渣和城市垃圾,现阶段,在城市建成区,固体废弃物的回收和处理相对比较规范,基本实现了集中处理和统一堆放,堆放场地也进行了相应的防污处理;但在一些乡镇和农村,各类废弃物随意倾倒、堆放的现象仍然随处可见,很多堆放场地未经过任何防污处理,很容易对生态环境造成破坏,对地下水造成污染。为更好地保护生态环境,保护地下水水质,需要在全市范围内全面实施固体废弃物集中处理工程,对城乡所有的废弃物进行分区域集中处理和统一堆放,对堆放和填埋场场址的设置进行统一规划和论证,建设和使用过程中必须进行有效防污处理,阻止溶滤液向下迁移或向外扩散,防止污染地下水。

3.农业污染综合整治工程

随着规划区人口的增长和乡村农业的发展,农村面源污染增加较快,必须加强综合治理。农业活动对地下水的污染主要包括两个方面:一是种植业使用化肥和农药等;二是养殖业污染。

种植业大量使用农药、化肥是较为普遍的污染源,防治方法主要是减少土壤中的无机态 NO_2-N 的含量,只有抑制硝化作用,把氮素固定在土壤中,才能防止其下渗。从长远来看,需逐步推广和应用高效、低毒、低残留的农药,代替长效性农药,大力发展生态农业和有机农业,建立有机和绿色食品生产基地,减量使用农药、化肥、地膜、生长素等。

养殖业的主要污染源是动物粪便,污染防治必须坚持标本兼治,进行综合、循环利用,研发和推广生态技术,实现有效治理。应调整养殖业结构,运用生态工程技术发展生态养殖业,逐步淘汰存在高污染风险的传统养殖业;将养殖场粪便进行干、湿分离,分别处理,综合利用,实现零排放;引进新技术,降低养殖污染风险,利用人工湿地技术治理养殖场污水,利用环保饲料降低粪便中的氮污染,鼓励使用浮性饲料进行渔业养殖,利用除臭剂减少养殖场空气污染。

4.污水管网及处理设施维护建设工程

城镇污水是地表水和地下水客观存在的一个非常大的潜在污染源,在城镇建设进程中,必须同步高标准规划建设污水收集和处理设施,不断扩大污水收集管网的辐射范围,提高城镇污水回收、处理、再利用率,减轻污染物排放对地下水环境的影响。定期对排污管网进行渗漏排查,发现渗漏点,立即进行维修,减少或杜绝污水渗漏;及时对老旧管网进行改造升级,完善城市地下排水管网系统;严禁采用渗坑、渗井等方式向地下排污。

5.排污口综合整治工程

城镇生活污水和工业废水的排放极易对地表水、地下水水体造成污染,在积极促进点源污染和面源污染控制的同时,实施排污口综合整治工程也尤为重要。应以"统筹规划、注重实效"为原则,切实加强入河排污口设置的分类管理,稳步推进现有排污口的综合整治,以实现入河排污口设置的科学布局与全过程有序管理,促进水资源的保护与可持续利用。入河排污口的整治措施可分为两类:第一类是原区整治,第二类是跨区迁建,其中第一类是本次规划的重点。

1)排污口原区整治

排污口原区整治主要包含排污口综合整治和污染源控制工程两项措施。

(1)排污口综合整治:对排污口布局中允许设置排污口的区域,应采取原址综合治理措施,主要包括排污口规范化建设(主要措施为公告牌、警示牌、标志牌建设,缓冲堰板建设等)、排污口生态净化工程(主要包括生态沟渠、净水塘坑、跌水复氧、人工湿地等工程)、排污口改造工程(主要包括排污口调整、归并、截污导流等)。

(2)污染源控制工程:主要包括污水处理和回用两类工程。

2)排污口跨区迁建

对排污口布局中禁止设置排污口的区域,区内现有排污口应全部迁出,如现阶段实在不能搬迁的,应强化治理措施,逐步削减其排污量。

6.地下水集中式供水水源地保护工程

对规划区内所有的地下水集中式供水(含农村安全饮水工程)水源地进行保护,在水源地周边100 m范围内,划设地下水水源地Ⅰ级保护区。在保护区内,禁止任何单位和个人从事下列活动:建设与取水设施无关的建筑物;从事饲养、放养畜禽,建立墓地;倾倒、堆放工业废渣及城市垃圾、粪便和其他有害废弃物;输送污水的渠道、管道及输油管道通过本区;建设油库及加油站。

7.水源井改造提质工程

对规划区内的地下水水源井进行全面排查,及时封填无用的、已损坏的开采井,对浅层、中深层混合开采的水源井进行单层取水改造提质,保证开采井的封闭性,使其不再成为地表水、浅层地下水、中深层地下水互相联系的通道,消除污染隐患;对取水过程中存在水质污染风险的水源井进行改造提质,改造后,质量仍未满足相关规范要求的,应进行封填处理。

7.2.1.2 地下水监测工程

平顶山市现有的地下水监测设施的监测对象主要为松散层浅层孔隙水,对中深层地下水的监测几乎处于空白状态,为全面掌握规划区中深层地下水动态,服务于中深层地下水资源的开发、利用、配置、节约、保护、管理和其他各项社会公益事业,依据《地下水监测工程技术规范》(GB/T 51040—2014)等国家现行规范、规程,应尽快规划建设以中深层作为监测目标的地下水监测工程。

1.监测站点布设原则和要求

(1)根据区域水文地质条件和中深层地下水开发利用现状,综合考虑监测对象、目标、精度和经费等因素,科学合理布设水位、开采量、水质和水温基本监测站,做到"平面上点、线、面结合,垂向上分层监测,尽量一站多用",结合城镇区正在实施的地下水压采和开采井封停工程,因地制宜,将封停的开采井改造为监测井。

(2)水位基本监测站应结合水文地质条件,以水文地质单元为基础,以沿地下水流向为主、垂直地下水流向为辅的方式进行布设,密度宜为 $3\sim5$ 眼/1 000 km^3;重点区域监测密度应适当增大,城市建成区布设密度宜为 $5\sim10$ 眼/1 000 km^3,地下水水源地、超采区布设密度宜为 $4\sim7$ 眼/1 000 km^3。

(3)各水文地质单元宜分别布设开采量基本监测站;宜选择1组或2组具有代表性的中深层地下水生产井群布设开采量监测站,每组井群的分布面积宜控制在 $5\sim10$ km^2,每组井群中开采量基本监测站的数量不应少于5个,水源地内的生产井应作为开采量基本监测站。

(4)水质基本监测站宜从经常使用的民井、生产井中选择布设,不足时可从水位监测站中选择布设;非超采地区应采用均匀的正方形网络布设监测站,超采区采用同心圆放射状布设监测站;布设密度应控制在水位基本监测站密度的20%左右,地下水化学类型复杂的区域可适当加密。

（5）水温基本监测站可沿经线方向布设,从水位或水质基本监测站中选择,布设数量宜占同一区域水位监测站的10%~20%,地热异常区可加密布设水位监测站。

2.监测站建设与维护要求

（1）地下水监测站建设包括监测站站址选择、监测井设计与施工、地质资料整理、抽水试验、井口保护装置与水准标石埋设、高程与坐标测量、监测站维护与管理等。

（2）监测站站址应满足监测站点的建设、监测、信息传输和设施维护的实际需要。

（3）监测站点建设应充分发挥封存备用水井的作用,优先考虑选用符合站点布设条件的现有封存备用井作为水位基本监测井,确无符合条件的现有井时,再考虑新建水位基本监测井。

（4）地下水监测站的设计、施工等应严格依据国家现行技术标准执行,注重地层岩性样本的采集,获取完整的地层资料,绘制地层岩性柱状图。

（5）监测井完工后,应进行抽水试验,取得的成果数据应当与监测井设计、施工和地质资料一起建立监测井档案。

（6）应对地下水监测设施进行经常性巡查和维护,发现问题及时解决,并记入技术档案;每年应对水位基本监测井进行1次井深测量,当出现井深小于滤水管顶部5 m或井内水深小于2 m的情况之一时,应进行洗井;应每隔2~3年对监测井进行1次透水灵敏度试验。

3.自动监测系统建设与信息监测要求

（1）自动监测系统建设包括传感器、遥测终端机、固态存储器、传输和供电设施等设备的选择和安装调试,应选用经国家授权质检或其他机构试验检测合格的产品,产品的性能和安装、调试、比测等操作应满足国家现行技术标准要求。

（2）地下水信息监测采用自动方式,建立随监测、随记载、随整理、随分析的工作制度;定期对监测系统进行检查和维护,及时发现异常和故障,立即进行修复;对监测原始信息数据进行存储和备份,编制运行日志,及时对原始监测信息进行校核,发现异常,分析原因并采取必要的补救措施。

(3)水位基本监测站每日 0 时、4 时、8 时、12 时、16 时、20 时分别监测 1 次数据,以当日 8 时记录的水位信息代表当日水位信息;水位监测数值以"m"为单位,精确到小数点后第 2 位,单次监测数值允许精确误差为±2 cm;监测仪器应每年至少校测 1 次,采用人工和自动监测比测的方式进行,当校测误差大于±1 cm 时,应对仪器进行检定。

(4)开采量监测设备可采用水表、超声波流量计或电磁流量计等,监测信息按月统计,监测设备应每年至少校测 1 次,校测方法和精度要求应符合相关计量管理规定。

(5)水质监测应在每年的丰水期和枯水期各进行 1 次,采样应符合现行采样标准,从停止取水超过 3 个月的监测井中采集水样时,应先进行抽水,抽水量不应小于井内水量的 3 倍。

(6)水温监测频次与水位监测信息相同,测具的最小分度值不应小于 0.1 ℃,允许误差绝对值不得超过 0.1 ℃,测具应每年检定 1 次,检定测具的允许误差绝对值不得超过 0.1 ℃。

7.2.2　管理措施

(1)切实加大对地下水资源的保护力度。对在开发利用中造成地下水污染、引发区域地下水位下降、地下水环境质量下降行为的企业或个人,应加大惩处力度。相关部门应根据区内实际,尽快组织编制地下水资源保护与污染防治规划,指导全市地下水资源保护与污染防治工作的开展。

(2)加大宣传力度,依靠媒体、公众和社会组织参与监督。通过报纸、电视、广播、互联网等媒体进行地下水资源保护的宣传教育,提高公众的资源忧患和环境保护意识,增强保护地下水资源的自觉性、主动性。号召媒体、公众和社会组织行动起来,对一些不法行为进行调查取证并曝光,营造良好的舆论监督氛围。

(3)强化节水与高效用水。加强节约用水管理,科学合理地利用水资源,促进经济社会可持续发展。以创建节水型城市为目标,大力开展节约用水工作。以提高用水效率为核心,把节约用水放在水资源管理与保护工作的首位,通过大力推广节水型先进工艺,提高水的重复利用率等多种手段发展节水农业、节水工业;通过广泛宣传、积极引导,逐步提高公民的节水意识,最终实现建成节水型社会的目标。

第 8 章 主要成果与工作建议

8.1 主要成果

8.1.1 地质地貌条件

平顶山市地处华北地台南部边缘区,处于豫西山地向淮河平原的过渡地带,地势西部较陡、东部相对平缓。地貌分为山地、岗地和平原三大地貌类型。出露的地层主要有太古界登封群角闪岩、太华群片麻岩,下元古界嵩山群石英岩,中元古界熊耳群安山岩、汝阳群砂砾岩、洛峪群石英砂岩,上元古界震旦系泥岩、页岩,下古生界寒武系灰岩,上古生界石炭系页岩、二叠系长石石英砂岩、二叠系—三叠系下统石千峰群长石砂岩,中生界白垩系粉砂岩,新生界古近系半固结砂砾岩与泥质砂砾岩,新近系砂砾岩与黏土岩,第四系卵砾石、砂层、粉土和粉质黏土。

8.1.2 水文地质条件

平顶山市汝河、沙河河谷及沙澧河冲积平原分布有大面积的松散岩类孔隙水,其中浅层孔隙水分布区按富水性划分为强富水区、中等富水区、弱富水区和贫水区等 4 个区;中深层孔隙水分布区按富水性划分为强富水区和中等富水区等 2 个区。区内西部及南部多为水量弱—贫乏的基岩裂隙水;郏县、汝州、平顶山零星分布少量碎屑岩类孔隙裂隙水,富水性弱—贫乏。

浅层地下水的补给主要以大气降水入渗补给为主,其次为农田灌溉回渗补给和地下水侧向径流补给;径流总体沿河床向其下游方向运移;排泄主要为农田灌溉开采、农村人畜生活用水开采、蒸发排泄和地下径流排泄;动态类型主要为气象-开采型、气象-径流-开采型、气象-水文型。中深层地下水的补给来源主要为上游地下水的径流和浅层地下水的越流;总体自西北向东南径流,与地形坡降一致;排泄方式主要为侧向径流和人工开采;动态类型主要为气象-径流型、开采型。

8.1.3　地下水资源量

平顶山市地下水资源总量为 82 468.15 万 m^3,可开采量为 58 220.75 万 m^3,其中浅层地下水总补给量为 45 376.22 万 m^3,可开采量为 38 569.78 万 m^3,总排泄量为 44 451.81 万 m^3,补给量大于排泄量。总储存量为 1 567 062.68 万 m^3,是总补给量的 34.5 倍;中深层地下水可开采资源量为 4 833.58 万 m^3,弹性储存量为 86 224.87 万 m^3,是可开采资源量的 17.8 倍;基岩山区地下水资源量为 32 258.35 万 m^3/a,可开采资源量为 19 355.01 万 m^3/a。

平顶山市区(含石龙区)地下水资源量为 6 073.79 万 m^3/a、可开采量为 4 305.67 万 m^3/a,汝州市地下水资源量为 16 297.33 万 m^3/a、可开采量为 11 250.64 万 m^3/a,宝丰县地下水资源量为 9 826.99 万 m^3/a、可开采量为 6 943.78 万 m^3/a,郏县地下水资源量为 10 556.38 万 m^3/a、可开采量为 8 060.44 万 m^3/a,鲁山县地下水资源量为 20 991.76 万 m^3/a、可开采量为 13 839.95 万 m^3/a,叶县地下水资源量为 12 942.56 万 m^3/a、可开采量为 9 730.27 万 m^3/a,舞钢市地下水资源量为 5 779.35 万 m^3/a、可开采量为 4 090 万 m^3/a。

8.1.4　地下水水化学特征

浅层地下水水化学类型主要有 6 种,即 HCO_3-Ca 型、HCO_3-Ca·Mg 型、HCO_3·SO_4-Ca 型、HCO_3·Cl-Ca 型、HCO_3·NO_3-Ca·Mg 型和 HCO_3·SO_4-Ca·Mg 型;中深层地下水水化学类型主要有 6 种,即 HCO_3-Ca 型、HCO_3-Ca·Mg 型、HCO_3-Ca·Na 型、HCO_3-Ca·Mg·Na 型、HCO_3-Na·Ca 型和 HCO_3·SO_4-Ca·Mg 型。

8.1.5　地下水水质评价

8.1.5.1　浅层地下水水质评价

根据浅层地下水质量状况,将其划分为可饮用水区(Ⅰ、Ⅱ、Ⅲ类水区)、适当处理可作为饮用水区(Ⅳ类水区)和不宜作为饮用水区(Ⅴ类水区)。其中,可饮用水区分布于郏县—宝丰、鲁山县—叶县等地,面积约 3 117.13 km²,占研究区总面积的 91.4%;适当处理可作为饮用水区分布于宝丰县东南部、鲁山县西南部、叶县北部和舞钢市东北部等地,面积约 253.98 km²,占研究区总面积的 7.45%,含量超标的主要定类因子有铁、锰、硝酸盐和总硬度,一般有 1~2 项因子含量超标 1~3.3 倍,超标倍数不多,经适当处理可作为生活饮用水;不宜作为饮用水区分布于宝丰县东部和叶县东北部,面积为 39.28 km²,占研究区总面积的 1.15%,主要定类因子有锰、总硬度、硝酸盐、溶解性总固体、硫酸盐等,一般有 1~5 项定类因子含量超标,且超标倍数较多,部分区域水质相当差,不宜饮用。根据锅炉用水评价标准,判定浅层地下水质量较差,主要为锅垢很多、多,具有中等沉淀物,起泡、半起泡、半腐蚀性的水。按照农业用水评价标准,判定全区浅层地下水均适宜农田灌溉。

8.1.5.2　中深层地下水水质评价

根据中深层地下水质量状况,将其划分为可饮用水区(Ⅰ、Ⅱ、Ⅲ类水区)、适当处理可作为饮用水区(Ⅳ类水区)和不宜作为饮用水区(Ⅴ类水区)。其中,可饮用水区分布于研究区大部,面积约 2 142.64 km²,占研究区总面积的 90.83%;适当处理可作为饮用水区分布于宝丰县北部、鲁山县西南部和舞钢市东南部等地,面积约 208.71 km²,占研究区总面积的 8.84%,含量超标的主要定类因子有锰、硝酸盐和总硬度,一般有 1~3 项因子含量超标 1~3.1 倍,超标倍数不多,经适当处理可作为生活饮用水;不宜作为饮用水区分布于舞钢市区东部,面积为 7.73 km²,占研究区总面积的 0.33%,主要定类因子有浊度、总硬度、硝酸盐、溶解性总固体和锰等,一般有 1~5 项定类因子含量超标,且超标倍数较多,部分区域水质相当差,不宜饮用。

根据锅炉用水评价标准,判定中深层地下水为锅垢少、锅垢多,具有中等沉淀物、软沉淀物,起泡、半起泡、半腐蚀性的水,基本适用于工业用水,但起泡水和半起泡水占比较大,应在实际使用中加以注意。

8.1.5.3　岩溶水

根据岩溶水质量状况,将其划分为可饮用水区(Ⅰ、Ⅱ、Ⅲ类水区)和适当处理可作为饮用水区(Ⅳ类水区)。其中,可饮用水区分布于郏县、宝丰县东南部和平顶山市区南部等地,面积约 465.71 km^2,占研究区总面积的 78.66%;适当处理可作为饮用水区分布于宝丰县西部、平顶山市区东南部,面积约 126.34 m^2,占研究区总面积的 21.34%,含量超标的主要定类因子有硝酸盐和总硬度,一般有 1~2 项因子含量超标 1~2 倍,超标倍数不多,经适当处理可作为生活饮用水。

8.1.5.4　基岩裂隙水

根据基岩裂隙水质量状况,全部划分为可饮用水区(Ⅰ、Ⅱ、Ⅲ类水区),分布于鲁山县西部基岩山区,面积约 2 008.68 km^2。

8.1.6　地下水开发利用现状及潜力

平顶山市地下水开发利用主要分为农业用水、生活用水及工业用水等,浅层地下水主要用于农业灌溉和分散式饮用水,开采总量为 22 551.81 万 m^3/a,其中农业灌溉开采量为 19 050.70 万 m^3/a,村民自建供水井开采量为 1 916.15 万 m^3/a;厂矿自备供水井开采量为 1 584.96万 m^3/a。中深层地下水主要用于城镇生活及少量工业用水、农村生活用水等,年开采总量为 3 885.81 万 m^3/a,其中城市集中供水开采量为 1 356 万 m^3/a,农村安全饮水工程开采量为 1 426.53 万 m^3/a,企事业单位自备井开采量为 1 103.28 万 m^3/a。

在多年平均条件下,全区浅层地下水开采系数为 0.66,总体处于有一定开采潜力状态,但区域分布不均,局部区域已处于临近超采状态;中深层地下水开采系数为 0.80,处于采补基本平衡状态,可开采量尚能满足用水需求,潜力有限。

8.1.7　松散岩类孔隙水开发利用程度分区

现状水平年浅层地下水总体上处于有较大开采潜力状态,开采系数 0.09~0.99,平均值 0.66,共划分了 25 个开发利用单元,其中,开采系数为 0.90~1.0 的计算单元共有 6 个,分别是 I_5、II_7、III_3、IV_2、IV_5 和 IV_6,划分为采补基本平衡区;开采系数为 0.75~0.90 的计算单元共有 5 个,分别是 I_6、II_1、II_4、II_5 和 IV_3,划分为略有开采潜力区;开采系数小于 0.75 的计算单元共有 14 个,分别是 I_1、I_2、I_3、I_4、I_7、I_8、II_2、II_3、II_6、II_8、III_1、III_2、IV_1 和 IV_4,划分为有较大开采潜力区。

现状水平年中深层地下水总体上处于采补基本平衡状态,开采系数为 0.35~0.91,平均值 0.80,共划分了 16 个开发利用单元,其中,开采系数为 0.75~0.91 的计算单元共有 8 个,分别是 I_1、I_2、I_3、I_4、II_1、II_4、II_5、II_{11},划分为采补基本平衡区;开采系数小于 0.75 的计算单元共有 8 个,分别是 I_5、II_2、II_3、II_6、II_7、II_8、II_9、II_{10},划分为有开采潜力区。

8.1.8　地下水资源保护分区与保护方案

8.1.8.1　浅层地下水资源保护分区与保护方案

根据浅层地下水资源保护目标要求,本着"保护优先、合理开发、可持续利用"的原则,将保护区划分为已受污染区和易受污染区。已受污染区主要分布于汝河北岸宝丰县至郏县段、宝丰县城东南部、鲁山县张良镇、叶县中部和东北部、舞钢市东北部,面积约 293.21 km²;地下水质类别为Ⅳ类、Ⅴ类,主要超标因子为铁、锰、总硬度、硝酸盐、硫酸盐、溶解性总固体和总硬度等;水资源保护工作的首要任务是针对存在的污染隐患分项制订应对措施和治理方案,其次是注重水源和水环境的保护;2022 年的水质保护目标为遏制水质恶化趋势,保持现状水质标准;2030 年的水质保护目标为在保持现状水质标准的基础上,水质得到基本改善,水质全部达到Ⅳ类或优于Ⅳ类的标准。易受污染区主要分布于郏县—宝丰、鲁山县—叶县等地,面积约

3 550.86 km²;地下水质类别为 Ⅰ~Ⅲ类;水资源保护工作的主要任务是切实加强水源和水环境的保护;2022 年和 2030 年的水质保护目标均为保持现状水质标准。

8.1.8.2　中深层地下水资源保护分区与保护方案

根据中深层地下水资源保护目标要求,本着"保护优先、开发次之、可持续利用"的原则,将保护区划分为易受污染区和未受污染区。易受污染区覆盖规划区的绝大部分区域,面积 2 578.69 km²;地下水质类别主要为 Ⅰ~Ⅲ类,局部为Ⅳ类、Ⅴ类,主要超标因子为锰、总硬度、溶解性总固体和硝酸盐等;水资源保护工作的首要任务是针对存在的污染隐患分项制订应对措施和治理方案,其次是注重水源和水环境的保护;2022 年和 2030 年的水质保护目标均为保持现状水质标准。未受污染区主要分布于规划区内的山前冲积平原地带,分散性较大,面积 229 km²;地下水质类别为 Ⅰ~Ⅲ类;水资源保护工作的重点是加强对水源和水环境的保护;2022 年和 2030 的水质保护目标均为保持现状水质标准,并持续向好。

8.1.8.3　基岩山区地下水资源保护分区与保护方案

根据基岩山区地下水的赋存特征,本着"保护优先、限制开发"的原则,将保护区全部划分为未受污染区,主要分布于全市的中低山和丘陵区,面积约 3 639.91 km²;地下水质类别主要为 Ⅰ~Ⅲ类,局部为Ⅳ类;水资源保护工作的重点是加强对水源和水环境的保护;2022 年和 2030 年的水质保护目标均为保持现状水质标准,并持续向好。

8.2　工作建议

8.2.1　开展平顶山市煤矿集中开采区水文地质与地下水开采状况调查工作

由于本次调查工作精度所限,未对平顶山市煤矿集中开采区的水文地质条件与地下水开采状况进行系统完善的调查。该区的煤炭开采和疏干排水工作已经持续了 60 余年,势必会对矿区及其周边的地下水系统,特别是岩溶水系统产生严重影响。据调查,除全国性的水文地质普查工作和个别矿区自行开展的服务于矿井生产的水文地质调查工作外,该区域近30年来尚未开展过系统性的水文地质与地下水开采状况调查评价工作,水文地质工作相对滞后或不能满足区域生产、生活与环境保护需求的矛盾日益显现。特别是一方面煤矿生产与加工环节缺水与矿井疏干排水未充分利用之间的矛盾和采矿企业舍近求远与农业争水的矛盾;另一方面还要增加将原本可以有效利用的水资源等倒流进矿区"变废""变害"后再进行废污水治理与环境保护的重复投入的矛盾,终究还得通过开展水文地质与地下水开采状况综合调查工作才能获得根本解决。因此,建议尽快开展平顶山市煤矿集中开采区水文地质与地下水开采量调查工作。

8.2.2　开展平顶山市中深层地下水应急水源地勘察工作

为缓解干旱及突发地表水源遭受污染事件造成的平顶山市供水紧张局面,建议在全市范围内选择水文地质条件优越地段开展若干中深层地下水应急水源地的勘察和建设工作。建设城市中深层地下水应急备用水源工程,具有三大优势:①供水水质方面,较地表水和浅层地下水水质好,基本上不需要处理,可直接并网供水;②供水保证率方面,在城市遭遇连年干旱的极端气候条件,地表水骤减或出现水质问题时,可启用应急备用水源作为补充,确保城市供水有序进行;③水源乃至城市安全方面,将供水水源储备在地下,取自地下以应对战争、恐怖事件或人为破坏,确保城市安全供水。

8.2.3　开展平顶山市埋藏型地热资源调查评价工作

地热是非常宝贵的矿产资源。地热能作为新能源中唯一的地下矿藏,集热、矿、水为一体,具有洁净、廉价、易开采、用途广泛等特点,受到世界各国的广泛重视。平顶山市地热资源开发利用的历史悠久,但目前的开发利用活动主要集中在鲁山县和汝州市的出露型温泉分布区,对于埋藏性地热的勘查、规划及开发利用等工作开展得相对较少,尚未掌握其资源储量、分布等详细资料。因此,建议开展平顶山市埋藏型地热资源调查评价工作,通过此项工作的开展,可以基本查明平顶山市地热资源的分布规律,为地热资源的合理开发利用与保护、政府职能部门的管理提供技术支撑。

8.2.4　加快平顶山市市级地下水监测站网建设

在国家和河南省地下水监测工程的基础上,建设以监测中深层地下水和基岩山区地下水为重点,以完善浅层地下水监测网络为补充的平顶山市市级地下水监测工程,实现对全市地下水监测全覆盖。通过监测网络,及时分析并掌握地下水位、水量、水质等动态变化信息,为地下水资源管理决策提供技术支撑。

参考资料

1.地质部河南省地质局.1:20万鲁山幅、临汝幅、平顶山幅、泌阳幅、许昌幅区域水文地质普查报告,1976~1986.

2.河南省地矿局水文一队.河南省地貌图,1985.

3.河南省地矿局水文一队.河南省第四纪地质图,1985.

4.河南省地矿局水文地质三队.1986.河南省平顶山市水文地质普查与后备水源地详查报告,1986.

5.河南省地矿局水文地质三队.河南省平顶山市沙北水源地水文地质详细勘察暨市区水资源评价报告,1988.

6.河南省地矿局水文地质三队.河南省平顶山市汝河河谷平原(宝丰—郏县段)水源地勘察报告,1988.

7.河南省地矿局水文地质三队.河南省汝州市供水水文地质勘察报告,1990.

8.河南省驻马店地质工程勘察院.河南省鲁山县五大温泉地热地质普查报告,1997.

9.河南省地矿局第一地质工程院.河南省汝州市区域水文地质调查报告,1999.

10.河南省地矿局第一地质工程院.河南省叶县区域水文地质调查报告,1999.

11.河南省地质调查院.河南省地质图,2000.

12.河南省地质环境监测总站.河南省地下水资源评价,2002.

13.河南省地质调查院.淮河流域(河南段)环境地质调查报告,2006.

14.河南省地质环境监测院.河南平原地下水潜力调查与可更新能力调查评价报告,2011.

15.河南省地矿局区域地质调查队.河南省鲁山县地热(温泉)调

查与评价报告,2011.

16.平顶山市水文水资源勘测局.平顶山市水资源调查评价报告,2012.

17.平顶山市水文水资源勘测局.平顶山市水资源现状开发利用调查评价报告,2012.

18.平顶山市金淼水务科技有限公司.平顶山市水资源综合规划报告,2014.

19.河南省水文水资源局.河南省水资源保护规划报告,2014.

20.河南省水文水资源局.河南省地下水超采区评价报告,2014.

21.河南省郑州地质工程勘察院.河南省中深层地下水开发利用调查报告,2016.

22.河南省地质环境监测院.河南省地下水资源图及说明书,2016.

23.平顶山市水利局.平顶山市水资源公报,2010~2016.

24.河南省地矿局第二地质环境调查院.河南省中深层地下水开发利用保护规划报告,2017.

25.河南省水文地质工程地质勘察院有限公司.平顶山市城市规划区地下水利用与保护规划报告,2017.

26.河南省水文地质工程地质勘察院有限公司.汝州市地下水开发利用保护规划报告,2018.

参考文献

[1]陈崇希,林敏.地下水动力学[M].北京:中国地质大学出版社,1999.

[2]陈梦熊,刘成琦,陈昌礼,等.地下水资源图编图方法指南[M].北京:地质出版社,2001.

[3]陈梦熊,马凤山.中国地下水资源与环境[M].北京:地震出版社,2002.

[4]地矿部水文地质工程地质研究所.地下水资源评价理论与方法的研究[M].北京:地质出版社,1982.

[5]籍传茂,王兆馨.地下水资源的可持续利用[M].北京:地质出版社,1999.

[6]沈照理,刘光亚,杨成田,等.水文地质学[M].北京:科学出版社,1985.

[7]孙讷正.地下水流的数学模型和数值方法[M].北京:地质出版社,1981.

[8]王文科.地下水有限分析数值模拟的理论与方法[M].西安:陕西科学出版社,1996.

[9]杨忠芳,朱立,陈岳龙.现代环境地球化学[M].北京:地质出版社,1999.

[10]殷昌平.地下水水源地勘查与评价[M].北京:地质出版社,1993.

[11]钟佐燊.地下水防污性能评价方法探讨[J].地学前缘,2005(u4):3-13.

[12]王茜.河南鲁山县五大温泉水文地球化学特征及成因模式[D].北京:中国地质大学,2012.

[13]彭博.平顶山山丘区地下水特征及水资源论证方法探讨[J].治淮,2013(3):18-19.

[14]文广超,张汉瑞,邓寅生.平顶山煤田水文地质单元划分[J].煤矿安全,2013(4):38-42.

附 图

图 例

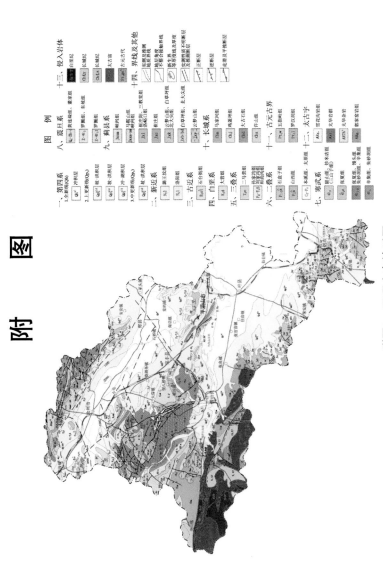

一、第四系
1.全新统(Qh)
- Qh^{al} 冲积层

2.上更新统(Qp₃)
- Qp_3^{dl} 坡、洪积层

Qp_3^{apl} 冲、洪积层

3.中更新统(Qp₂)
- Qp_2^{al} 坡、湖积层

Qp_2^{apl} 冲、洪积层

二、新近系
- N_2l 洛阳组

三、古近系
- E_3d 大仓房组

四、白垩系
- K_1s 石桥组

五、三叠系
- T_2e 二马营组

$P_{2-3}Ts$ 孙家沟组

六、二叠系
- $P_{1-2}s$ 石盒子组
- C_2P_1b 本溪组、太原组
- C_2t 山西组

七、寒武系
- ϵ_2z 朱砂组

八、震旦系
- $Z_{2-3}h$ 黄连垛组、董家组
- $Z_{2-3}l$ 罗圈组
- Z_1l 罗圈组
- $Jxtu$ 铁岭组

九、蓟县系
- $Jxtu$ 马家峪组
- Jxw 雾迷山组
- Jx 杨庄组、三教堂组
- Jxb 赵庄组
- Jxk 云蒙山组、白草坪组
- $Jxb-lb$ 北大尖组、北大山组
- Jxs 云梦山组

十、长城系
- Chg 鸡鸣河组
- Chl 大石河组
- Chx 许山组

十一、古元古界
- Pt_1w 五指岭组
- Pt_1l 罗汉洞组

十二、太古字
- Arl 雪花山岩群
- ArN 太华岩群
- ArN_v 太华杂岩
- Mbj 郭家窑混合岩

Q_{al} 坡积坡积、坡米店组
佛头组
Q_{h}^{al} (三山子组)
ϵ_1z 朱砂组
ϵ_1m 朱砂洞组

十三、侵入岩体
- 白垩纪
- $Chlg$ 长城纪
- Chk 长城纪
- Pt_2w 古元古代

十四、界线及其他
- 实测及推测地层界线
- 地质角度不整合接触界线
- 实测性质不明断层及推断断层
- 正断层
- 逆断层
- 实测及平推断层

附图1 平顶山市地质图

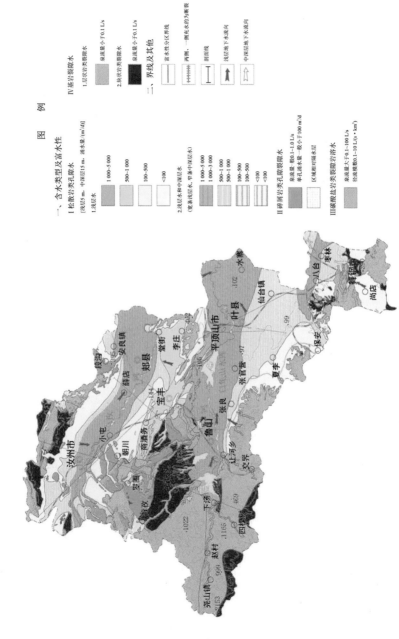

图 例

一、含水类型及富水性

I 松散岩类孔隙水
[浅层5 m，中深层15 m；涌水量/(m³/d)]

1.浅层水

	1 000~5 000
	500~1 000
	100~500
	<100

2.浅层水和中深层水
（宽条为浅层水，窄条中深层水）

	1 000~5 000
	1 000~3 000
	500~1 000
	500~1 000
	100~500
	100~500
	<100
	<100

II 碎屑岩类孔隙裂隙水

| | 泉流量一般0.1~1.0 L/s
单孔涌水量一般小于100 m³/d |
| | （区域相对隔水层） |

III 碳酸盐岩类裂隙岩溶水

| | 泉流量大于0.1~100 L/s
径流模数0.1~10 L/(s·km²) |

IV 基岩裂隙水

1.层状岩类裂隙水

| | 泉流量小于0.1 L/s |

2.块状岩类裂隙水

| | 泉流量小于0.1 L/s |

二、界线及其他

	富水性分区界线
	两侧：一侧东为断裂的为断裂
	剖面线
	浅层地下水流向
	中深层地下水流向

附图2　平顶山市水文地质图

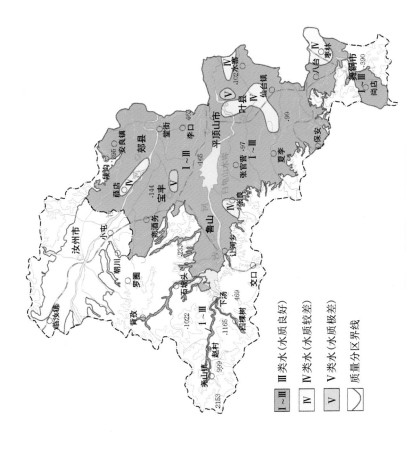

附图3 浅层地下水质量分区

I～Ⅲ类水(水质良好)

Ⅳ类水(水质较差)

V类水(水质极差)

质量分区界线

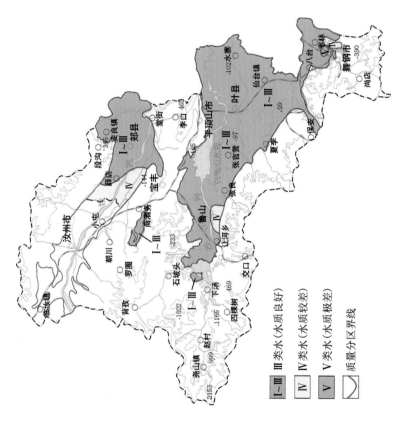

附图4 中深层地下水质量分区

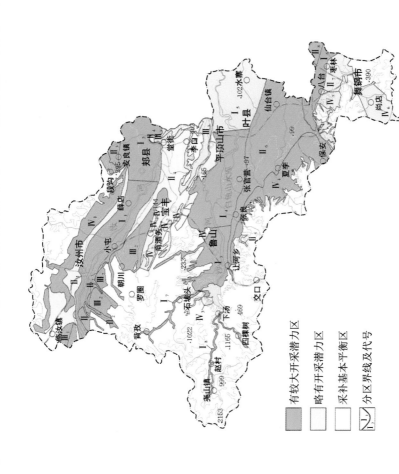

附图5　平顶山市浅层地下水开发利用潜力分区

有较大开采潜力区

略有开采潜力区

采补基本平衡区

分区界线及代号

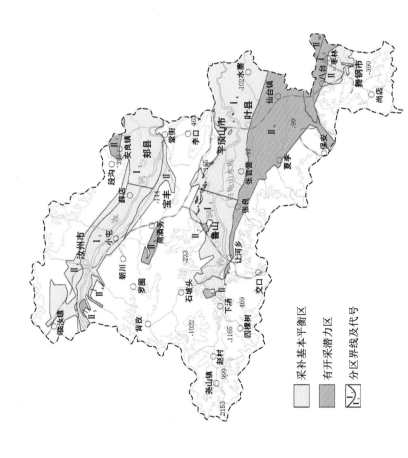

附图6 平顶山市中深层地下水开发利用潜力分区

采补基本平衡区

有开采潜力区

分区界线及代号

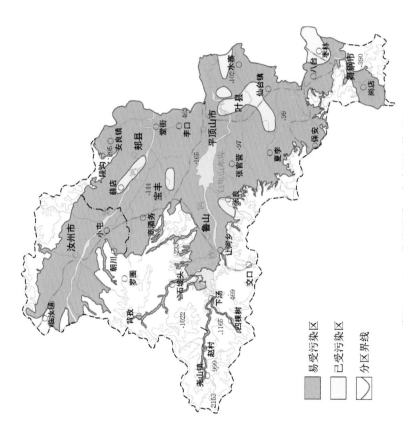

附图7　平顶山市浅层地下水资源保护分区

易受污染区

已受污染区

分区界线

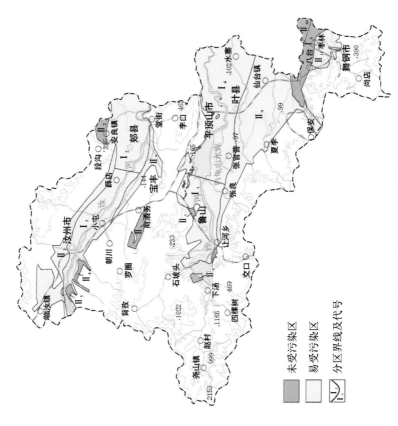

附图8 平顶山市中深层地下水资源保护分区

未受污染区

易受污染区

分区界线及代号